KB057154

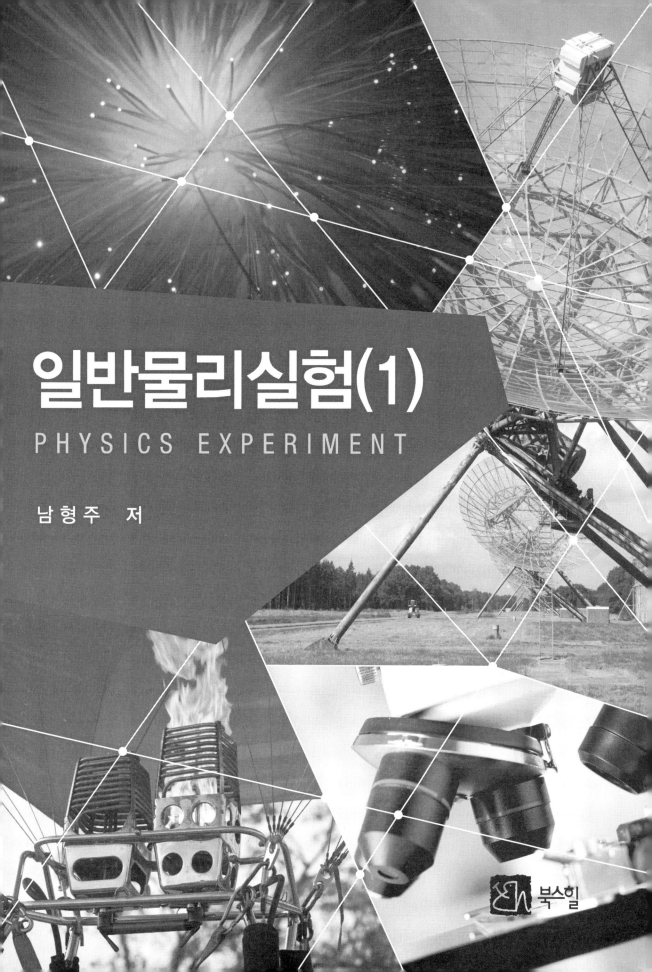

일반물리실험(1)
PHYSICS EXPERIMENT

남형주 저

북스힐

머리말

많은 사람들은 물리학을 이론적인 학문이라고 생각한다. 하지만, 물리학을 정의하는 표현 중의 하나인 '물리학의 지식은 측정에 근거해서 얻어지며, 여러 가지 양을 측정함으로써 물리적 법칙을 발견하게 된다.'는 말처럼 실은 물리학은 실험으로써 모든 이론과 법칙을 검증하고 이를 받아들이는 실험이 강조되는 학문이라 하겠다. 이에 실험 과목인 일반물리실험에서는 물리학의 많은 현상 중에서 물체의 운동, 힘, 운동량, 에너지, 강체의 회전동력학, 진동운동, 역학적 파동, 고체의 열 현상 등의 Newton역학과 열역학 관련 내용들을 1학기 실험 종목으로 구성하고, 정전기적 상호작용, 도체에 흐르는 정상전류의 다양한 특성, 정전류에 의한 자기장, 전자기 유도, 교류회로, 빛의 간섭현상, 광전효과 등의 전자기학과 광학 관련 내용들을 2학기 실험 종목으로 구성하여 실험함으로써, 실험자 스스로가 물리학의 주요 개념과 법칙들을 검증하고, 이를 통해 이러한 개념과 법칙들을 더 쉽고, 더 자연스럽게 이해할 수 있도록 하였다. 또한, 실험 종목의 순서는 가급적 일반물리학 이론 강좌의 강의 진도에 맞춰 구성함으로써, 이론 강좌를 수강하는 학생들이 실험을 통해 보다 더 쉽게 강의 내용을 이해할 수 있도록 하는 데에도 실험 구성의 의미를 두었다.

일반물리실험은 단지 물리 현상을 실험하고 검증하는 데만 그 목적이 있는 것은 아니다. 이 강좌는 대부분의 경우 대학 1학년 학생들을 대상으로 운영되는 강좌이므로, 학생들이 대학에서 처음으로 접하는 실험 과목일 것이다. 이에 실험을 통하여 실험자 스스로가 실험 결과를 분석하고, 오차를 해석하고, 그리고 보고서의 올바른 작성 방법을 익히는 데에도 그 목적이 있다 하겠다. 이에, 본 교재는 학생들이 이러한 목적을 보다 정확히 그리고 바르게 이루어 갈 수 있도록 이끌어주는 교재로서, 그에 부합하도록 그 내용의 구성과 편성에 많은 노력을 기울였다. 특히, 이 교재는 기존의 어떤 실험 교재보다도 많은 양의 실험 원리와 물음, 그리고 실험 과정의 상세한 설명으로 이루어져 있다. 이와 같은 편성이 자칫 학생들로 하여금 실험에 대한 사전 준비를 게을리 하게 하고 또한, 획일적으로 실험을 진행하게끔 하는 결과를 초래할 수도 있을 것이다. 하지만, 본 저자는 오히려 이러한 상세한 기술의 편성이 물리에 대한 기초 지식이 부족한 학생들에게 있어서 두려움을 덜고 쉽게 실험에 임하여 배우고 이해할 수 있는 기회를 제공한다고 생각한다. 또, 어느 정도 기초적인 지식이 있는 학생들에게는 빠른 학습을 통해 실험의 목적에 더욱 충실한 접근과 기본을 넘어서는 창의적 실험에 접근토록 도움을 줄 수 있다고 생각한다.

　작금에 공학교육인증이라는 새로운 사회적 요구가 일반물리실험의 중요성을 더욱 부각시키고 있다. 일반물리실험은 물리 현상을 이해하는 그 자체로서의 의미뿐만 아니라 공학교육의 밑거름으로서도 큰 역할의 수행이 요구되어지는 것이 작금의 현실이다. 이에 우리 학생들은 물리학적 접근이 부담스럽다면 각자의 전공을 수행하는 데 있어서의 기초 과정이라는 당위성에 그 의미를 두어 학습하는 것도 일반물리실험을 배우는 좋은 동기 부여가 될 것이다.

　끝으로, 오늘을 열심히 살아가며 내일을 성실히 준비하는 우리 중앙 학우들의 노력이 훗날 크나큰 결실로 찾아들기를 기원 드립니다. 그리고 한없이 부족하기만한 내용이 책이 되어 세상에 나올 수 있게끔 기회를 주신 최인환 교수님, 이춘식 교수님, 학과장 한상준 교수님을 비롯한 여러 물리학과 교수님들께 진심으로 감사의 말씀드립니다.

저자 씀

차례

• PART Ⅰ 실험에 앞서 •

• PART Ⅱ 실험 •

　　1. 물리상수

　　2. 금속의 물리적 성질

　　3. 액체의 물리적 성질

　　4. 기체의 물리적 성질

　　5. 비금속 재료의 물리적 성질

　　6. 물의 밀도

　　7. 온도와 압력에 따른 공기의 밀도 (kg/m^3)

　　8. 소리의 전파속도 (m/sec)

PART I

실험에 앞서

1. 실험 시 유의 사항 및 보고서 작성 요령

1. 실험실 안전 수칙

(1) 각종 액체 시료를 음용해서는 절대로 안 되며, 냄새를 맡고자 할 때에는 손으로 부채질 하여 소량을 맡는다.

(2) 전기 제품을 다룰 때는 젖은 손으로 다루어서는 안 된다.

(3) 실험 기구를 운반할 때는 조심스럽게 한다.

(4) 운동 장치나 회전 장치는 너무 빠른 속력으로 조작시키지 않는다.

(5) 시약을 사용하기 전에는 반드시 시약병의 표식을 확인하고, 위험 표식에 대해서도 확인 하여 주의한다.

(6) 사고가 일어날 경우를 대비하여 안전 장비(소화기, 응급 의약품 등)의 위치와 사용법을 알아 둔다.

(7) 실험실과 인접하여 연구실과 강의실이 있으니, 실험 중에 필요 이상의 소음이 발생하지 않도록 주의한다.

(8) 실험 전 담당 선생님께서 말씀 주시는 여러 주의 사항들을 기억하여 실험에 반영하도록 한다.

(9) 실험 기구가 고장이 났을 때에는 먼저 담당선생님께 이를 알리고 준비된 여분의 기구로 교체하여 실험한다.

(10) 실험 후 각종 전기장치의 전원은 끄고, 플러그는 콘센트로부터 분리시켜 놓는다.

(11) 실험 후 실험 기구를 정리 정돈한다.

2. 올바른 실험 방법

(1) 실험의 목적을 숙지한다.

(2) '실험 개요'를 수차례 읽어 보며 실험의 개략적인 내용과 실험이 의도하는 바를 이해한 다.

(3) 실험과 관련하여 '기본 원리'를 학습한다.

(4) '실험 방법'을 충분히 숙지한다.

(5) 실험 장치 및 기구의 사용법을 이해한다.

(6) 실험 방법을 숙지한 후에는 이 실험을 통해서 얻을 결과값을 예상해 본다. 어떤 결과가 나올 것 같은지, 그 결과는 참값과 어느 정도 오차가 날 것 같은지, 그리고 어느 정도 오차까지는 그 실험값을 인정할 것인지 등등을 생각해보고 조원들과 의견을 교환하며 실험을 기획한다.

(7) 실험 중에 조원들과 실험에 관해 충분한 대화와 논의를 함으로써 발생할 수 있는 오류와 시행착오를 줄인다.

(8) 실험 중 장치의 세팅이 변하거나 실험기구가 변형되면 정확한 실험값을 얻을 수 없으므로 장치의 세팅이 변하지 않도록, 그리고 기구가 손상되지 않도록 주의를 기울인다.

(9) 최초 실험 데이터가 나오면 바로 이 데이터를 이용하여 구하고자 하는 결과값을 계산하여 본다. 그리고 이 결과값이 참값에 근사하다고 여겨지면 남은 횟수의 실험을 수행하고, 결과값이 참값과 다소 차이가 난다고 여겨지면 실험에서 발생할만한 오류를 되짚어 보고, 이 오류를 시정한 후에 다시 실험한다.

(10) 결과보고서는 조원들과 충분한 논의를 거친 후에 작성한다.

3. 결과보고서 작성 요령

결과보고서는 '[1] 실험값', '[2] 결과 분석', '[3] 오차 논의 및 검토', '[4] 결론'의 네 부분으로 나누어 기술한다. 다음은 각 부분에 기술해야 하는 사항들을 설명한 것이다.

[1] 실험값

• 실험에서 측정한 값들을 기록한다. 그리고 이 측정값들로부터 구하고자 하는 결과값을 계산하는 과정이다.
• 측정값과 결과값 등에는 반드시 정확한 단위를 표기한다.
• 교재의 실험값 기입 양식은 최소한의 권고 사항이므로 실험 횟수의 증감에 따른 결과 표의 변형 등은 실험자가 임의로 취해도 된다.
• 유효숫자를 생각하며 숫자를 기입한다.

[2] 결과 분석

• 객관성에 입각하여 실험값을 분석한다.
• 실험값의 평균값, 상대오차, 표준편차 등을 계산한다.

• 하나의 표 안에 기재된 실험값들이 얼마나 참값에 가까운지, 얼마나 편차를 보이는지를 기술한다.
• 가장 상대오차가 작은 실험값과 큰 실험값을 지적하며 실험 결과의 정확성 또는 부정확성을 기술한다.
• 하나의 표 안에 기재된 실험값들이 어떤 규칙적인 데이터의 흐름을 보인다면, 이를 파악하고 그 의미를 기술한다.
• 다른 표로 작성된 실험값들 간에 어떤 규칙성과 연관성이 보인다면, 이를 파악하고 그 의

미를 기술한다.
- 필요하다면 실험값에 대한 그래프를 그려 데이터가 한 눈에 파악되게 하는 것도 좋다.

[3] 오차 논의 및 검토

- 객관성에 입각하여 오차 논의를 한다.
- 무작정 오차를 논하려 하지 말고, 잘된 측정값과 잘못된 측정값을 구분하여 그에 맞게 오차 논의를 한다.
- '결과 분석'을 토대로 상대오차가 비교적 큰 실험값들을 지적하여 언급하고, 오차의 원인과 오차가 실험값에 미친 영향을 분석 기술한다.
- 오차의 원인을 열거만하는 형식을 취해서는 안 된다. 오차의 원인과 그 결과를 해당 상황에 맞게 구체적으로 지적하며 논의하여야 한다. 모든 실험값들이 열거한 오차의 원인을 동일하게 따르는 것은 아닐 테니까 말이다.
- 할 수 있다면 오차의 원인을 정량적으로 분석한다. 예를 들어, 중력가속도의 값을 지구의 평균값을 사용하였기 때문에 오차가 발생했다라고 언급하지만 말고, 중력가속도의 값을 극단적으로 작게는 9.79 m/s^2으로, 크게는 9.81 m/s^2으로 대입하여 계산하는 방법을 취해 본다. 그러면, 정말 중력가속도의 평균값을 사용한 것이 오차의 주된 원인인지를 쉽게 파악할 수 있다.
- 오차의 원인도 그 기여하는 바의 경중을 가려서 언급한다.
- 실험에 대해 검토할 사항이 있으면 이를 기술한다.

[4] 결론

- 실험을 한 목적에 맞춰 그에 부합하는 결과를 얻었는지를 언급하거나, '결과 분석'을 간략히 요약 정리하는 방법을 취한다.
- '결과값에서 오차 논의에서 설명한 오차들만 배제할 수 있었다면 참값에 준하는 실험 결과를 얻을 수 있었을 것으로 생각된다.'와 같은 형식으로 결론을 내리는 것도 결론의 한 방법이 되겠다.

2. 계측기기 사용법

1. 버니어 캘리퍼스(Vernier Calipers)

버니어 캘리퍼스는 1 mm 눈금을 20등분한 0.05 mm의 매우 작은 길이까지도 정확히 측정할 수 있는 정밀한 기기로 물체의 내경, 외경, 두께, 깊이 등을 측정하는 데 사용한다.

(1) 각 부의 명칭

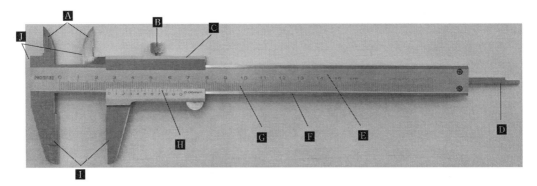

Ⓐ 내측용 조우(jaw)　Ⓑ 고정용 나사　Ⓒ 슬라이더　Ⓓ 깊이 바(Bar)　Ⓔ 어미자(주척)
Ⓕ 기준단면　Ⓖ 어미자 눈금　Ⓗ 아들자(부척) 눈금　Ⓘ 외측용 조우(jaw)　Ⓙ 단차 측정면

그림 1　버니어 캘리퍼스

(2) 측정값을 읽는 법

① 어미자(주척)의 눈금을 읽는다. 어미자의 눈금은 아들자(부척)의 눈금의 0이 가리키는 지점을 mm 단위까지 읽으면 된다.
　예) 그림 2(a)의 경우: 112 mm(=11.2 cm)
　　　그림 2(b)의 경우: 71 mm(=7.1 cm)

② 어미자의 눈금과 아들자의 눈금이 일직선으로 일치하는 지점을 찾아 이 지점의 아들자의 눈금을 읽는다. 아들자의 눈금 값의 단위는 (아들자의 눈금)$\times 10^{-1}$ mm가 된다.
　예) 그림 2(a)의 경우: 0.5 mm($= 5 \times 10^{-1}$ mm)
　　　그림 2(b)의 경우: 0.25 mm($= 2.5 \times 10^{-1}$ mm)

③ 어미자의 눈금과 아들자의 눈금의 값을 더해서 측정값으로 한다.
　예) 그림 2(a)의 경우: 112 mm+0.5 mm = <u>112.5 mm</u>
　　　그림 2(b)의 경우: 71 mm+0.25 mm = <u>71.25 mm</u>

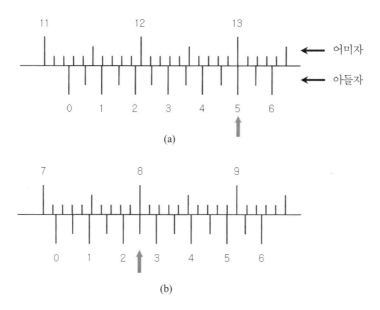

그림 2 버니어 갤리퍼스의 어미자와 아들자의 눈금.
화살표는 어미자와 아들자의 눈금이 일치하는 지점을 나타낸다.

(3) 사용상 주의 사항

- 측정 전에 각 조우의 측정면을 닫고, 어미자와 아들자의 0점이 일치하는지를 확인한다.
- 필요 이상의 측정압이 가해지지 않도록 주의한다. 측정압이 너무 세면 조우가 벌어져 측정오차가 발생한다.
- 어미자와 아들자의 눈금을 읽을 때는 정면에서 읽어 시차가 발생하지 않게 한다.
- 외측 측정시에는 측정물을 가급적 외측용 조우 안의 어미자 가까운 안쪽에 넣고, 외측용 조우의 측정면 전체를 측정물에 밀착시켜 준다.
- 내측 측정시에는 내측용 조우를 가급적 측정하고자 하는 면에 깊이 넣고, 내측용 조우 측정면 전체를 측정물에 밀착시켜 준다.
- 깊이 측정시에는 깊이바를 측정할 면에 대하여 직각이 되게 한다.

2. 마이크로미터(Micrometer, 외경 측정용)

마이크로미터는 1 mm 눈금을 100등분한 0.01 mm의 매우 작은 길이까지도 정확히 측정할 수 있는 정밀한 기기로 물체의 외경, 두께 등을 측정하는 데 사용한다.

(1) 각 부의 명칭

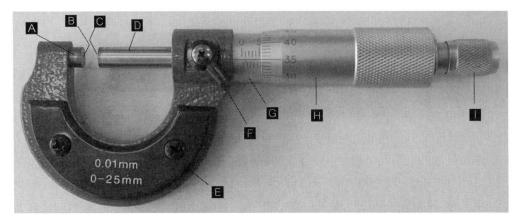

A Anvil B Anvil Face C Spindle Face D Spindle E Frame
F Lock Nut G Sleeve H Thimble I Ratchet screw

그림 3 마이크로미터

(2) 측정값을 읽는 법

① Thimble의 눈금 끝 경계면이 가리키는 Sleeve의 눈금을 읽는다. Sleeve의 눈금은 0.5 mm 단위까지 읽는다.
　예) 그림 4(a)의 경우: 10.5 mm(=1.05 cm)
　　　그림 4(b)의 경우: 11 mm(=1.1 cm)

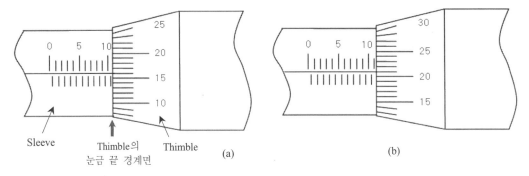

그림 4 마이크로미터의 Sleeve와 Thimble. 0.01 mm 단위의 값을 읽기 위해서는 Sleeve의
자 눈금 중앙의 수평선과 Thimble의 눈금이 일치하는 값을 읽는다.

② Sleeve의 자 눈금 중앙의 수평선과 Thimble의 눈금이 일치하는 값을 읽는다. 이 값의
　단위는 0.01 mm이다.
　　예) 그림 4(a)의 경우: 0.16 mm
　　　　그림 4(b)의 경우: 0.21 mm

③ 과정 ①과 ②에서 읽은 눈금의 값을 더해서 측정값으로 한다.
　　예) 그림 4(a)의 경우: 10.5 mm+0.16 mm = <u>10.66 mm</u>
　　　　그림 4(b)의 경우: 11 mm+0.21 mm = <u>11.21 mm</u>

(3) 사용상 주의 사항

• 측정 전에 Spindle을 돌려 Anvil Face와 Spindle Face가 닿게 하였을 때, Thimble의 0
　점이 Sleeve의 자 눈금 중앙의 수평선과 일치하는지를 확인한다.
• 필요 이상의 측정압이 가해지지 않도록 주의한다.

3. 포토게이트 타이머 시스템

[1] Segye Photogate Timer System

(1) 소개

그림 5의 포토게이트 타이머 시스템(Photogate Timer System)은 빛을 발생시키는 발광 다이오드와 빛을 검출하는 광센서가 약 8 cm의 거리를 두고 마주하도록 ㄷ자형으로 만들어진 포토게이트(Photogate)와 특정한 길이를 가진 플래그(그림 6 참조)가 이 포토게이트를 지날 때 광센서가 가리었다가 노출되는 순간 시간 측정을 시작하고 이어서 다시 가리었다가 노출될 때 시간 측정을 멈추는 기능을 수행하는 타이머로 이루어진 운동 관련 물리량을 측정하는 기기이다. 이 기기는 'Time, Speed, Accel, Count, Test'의 5가지의 주 측정모드와 각 주 측정모드 내의 'One Gate', 'Two Gates', 'Pulley' 등등의 세부 측정모드를 이용하여 물체의 운동시간, 진동주기, 속력, 가속도, 각속도, 각가속도 등의 물리량을 직접 측정할 수 있게 해준다. 이 시스템은 글라이더의 가속도 측정, 마찰계수 측정, 관성모멘트 측정, 중력가속도 측정 Ⅱ-단진자 이용 등의 역학 실험 전반에 걸쳐 두루 긴요하게 사용된다.

(2) 사양

○ 포토게이트 타이머
- 정밀도: 1 kVA를 초과하는 회로에는 사용하지 않는다.
- 입력전압: DC 9 V
- 출력전압: 5V/180 mA
- 입력채널: 디지털 2채널

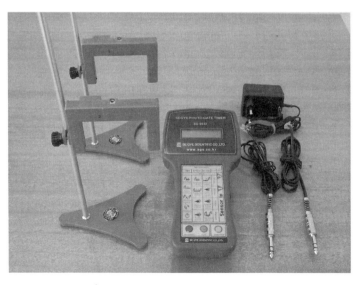

그림 5 Segye Photogate Timer System

○ 포토게이트: 광센서 장착. 106×67×17 mm

○ 어댑터: 9 V/300 mA

○ 포토게이트 지지대

(3) 사용법

→ 버튼을 한 번 누를 때 마다 측정모드가 바뀐다.

① 'MEASUREMENT' 버튼을 눌러 'Time', 'Speed', 'Accel', 'Count', 'Test' 중의 원하는 주 측정모드를 선택한다.

② 'MODE' 버튼을 눌러 원하는 'One Gate', 'Two Gates', 'Pulley' 등등의 세부 측정모드를 선택한다.

③ 'START/STOP' 버튼을 눌러 측정 대기상태로 한다. 측정 대기상태가 되면 LCD 표시창에 '!' 표시가 나타난다.

④ 한번 측정이 되면 포토게이트 타이머는 멈추게 된다. 이어서 같은 실험을 반복하고자 할 때에는 다시 'START/STOP' 버튼을 눌러 포토게이트 타이머를 대기상태에 둔다.

⑤ 특정 측정모드에 따라 포토게이트 타이머에 일시적으로 저장된 데이터를 확인하고자 할 때에는 'MEASUREMENT' 버튼이나 'MODE' 버튼을 눌러 확인한다.

(4) 측정모드의 기능

○ Time(시간)

• One Gate: 운동하는 물체가 포토게이트의 광센서를 차단하였다가 노출시키는 순간부터 다시 물체가 광센서를 차단하였다가 노출시키는 순간까지의 시간을 측정한다. 물체의 길이를 알고 있다면 측정된 시간을 이용하여 물체의 평균속력을 구할 수 있다.

• Fence: 10개의 물체가 지나가는 동안의 각각의 시간을 측정한다. 시간은 누적된 시간으로 기록된다. 측정이 끝나면 'MODE' 버튼을 눌러서 기록 저장된 값들을 확인할 수 있다. 피켓 펜스(picket fence)를 이용한 가속도 측정 실험에 사용된다.

• Two Gates: 물체가 두 개의 광센서를 통과하는 동안의 시간을 표시한다. 타이머의 1번 채널에 연결된 포토게이트를 지날 때 시간 계측이 시작되고, 2번 채널에 연결된 포토게이트를 지날 때 타이머가 멈추어 물체가 두 개의 광센서를 통과하는데 거리는 시간을 측정한다. 포토게이트의 광센서간 거리를 알고 있다면 운동하는 물체의 평균속력을 구할 수 있다.

- Pendulum: 물체가 처음 광센서의 빛을 차단하였다가 노출시키는 순간 타이머가 작동하고, 물체가 이 광센서를 세 번째 통과하는 순간 타이머가 멈춘다. 이러한 시간 계측은 진자와 같이 진동 운동하는 물체의 주기를 측정하는 데 사용한다. 타이머는 30개의 데이터까지 저장이 가능하고, 측정 후 'START/STOP' 버튼을 누른 후 'MODE' 버튼을 누르면 저장된 데이터의 확인이 가능하다.

- Stopwatch: 초시계 기능으로, 'START/STOP' 버튼을 누르면 타이머가 작동하고 재차 누르면 멈추어 경과시간을 기록한다.

○ Speed(속력)
→ 미리 지정된 거리에 대한 시간을 측정하여 속력을 구한다.

- One Gate: 1 cm 길이의 플래그가 움직이며 최초 광센서를 차단하였다가 노출시킬 때부터 다시 차단하였다가 노출시킬 때까지의 시간을 측정하고, 이 시간 당 1 cm의 거리를 운동한 속력을 산출하여 타이머의 LCD 표시창에 나타낸다. 타이머의 작동 특성 상 1 cm 길이의 물체는 그림 6의 플래그와 같이 광센서의 차단과 노출이 번갈아 나타나는 모양을 가져야 한다.

- Collision: 각각 플래그를 장착한 두 물체(글라이더)가 두 개의 포토게이트의 광센서를 통과하여 충돌하였을 때 각각의 충돌 전후의 속력을 측정해 준다. 측정값은 측정이 끝난 후 'MODE' 버튼을 눌러 확인할 수 있다.

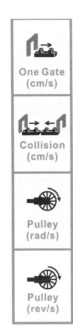

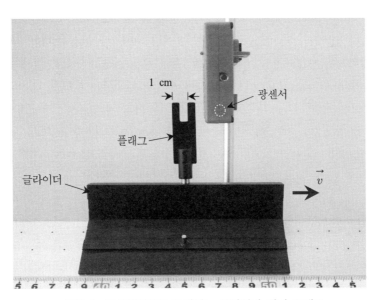

그림 6 포토게이트를 통과하는 글라이더 위의 플래그

- Pulley(rad/s): 10개의 홈을 가진 도르래의 각속도를 측정하여 radian 값으로 나타낸다. 매 측정 후 1초마다 새로 측정한다. 측정 후 'START/STOP' 버튼을 누른 후 'MODE' 버튼을 눌러 저장된 측정값을 확인할 수 있다.

- Pulley(rev/s): 10개의 홈을 가진 도르래의 각속도를 측정하여 초당 회전수로 나타내준다. 매 측정 후 1초마다 새로 측정한다. 측정 후 'START/STOP' 버튼을 누른 후 'MODE' 버튼을 눌러 저장된 측정값을 확인할 수 있다.

○ Accel(가속도)

➔ 미리 지정된 거리에 대한 시간을 측정하여 가속도의 크기를 나타낸다.

- One Gate: 그림 7과 같이 간격이 1 cm인 포크 모양의 플래그를 이용하여 물체의 가속도를 측정한다. 측정 원리는 다음과 같다. 먼저, 움직이는 플래그가 광센서를 처음 차단하였다가 노출시킬 때 타이머를 작동하여 두 번째 차단 하였다가 노출시킬 때까지의 시간을 재어 저장하고, 다시 이 순간(두 번째 차단하였다가 노출시키는 시점)부터 세 번째로 광센서를 차단하였다가 노출시키는 시간까지를 측정하여 저장한다.

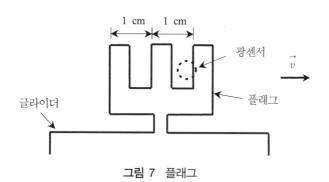

그림 7 플래그

이때, 두 구간의 측정 시간에 대하여 각각 1 cm의 거리를 이동한 셈이므로, 이것으로부터 각 측정 시간 구간의 속도를 산출한다. 이어서 두 측정 구간의 시간의 차이에 대한 속도의 변화를 계산하여 물체의 가속도의 크기를 구한다.

- Linear Pulley: 도르래에 연결된 물체가 선형운동 할 때, 10개의 홈으로 나누어진 도르래를 이용하여 선형 운동하는 물체의 가속도를 측정한다. 이때 도르래의 지름은 약 47.7 mm이다.

- Angular Pulley: 도르래의 회전 각가속도를 측정한다.

- Two gates: 'Speed' 측정의 'One Gate' 모드에 사용한 플래그를 두 개의 포토게이트의 광센서 구간을 통과하게 하고, 각각의 게이트를 통과할 때의 속도와 두 게이트 구간의 소요 시간을 측정함으로써 두 포토게이트를 지나는 동안의 평균가속도를 구한다.

○ Count(횟수)

→ 특정 시간 동안 광센서의 빛을 차단한 횟수를 측정한다.

• 30 seconds: 30초 동안 광센서의 빛을 차단한 횟수를 측정한다.

• 60 seconds: 60초 동안 광센서의 빛을 차단한 횟수를 측정한다.

• 5 minutes: 5분 동안 광센서의 빛을 차단한 횟수를 측정한다.

• Manual: 광센서의 빛을 차단한 횟수를 누적 측정한다.

[2] Digital Photogate Timer System

(1) 소개

○ 포토게이트 타이머: 'Gate', 'Pulse', 'Pend', 'Stop Watch'의 네 가지 측정모드로 작동하는 시간 측정 장치이다. 측정모드에 따라 물체의 운동 시간, 진동주기 등을 직접 측정하거나, 물체의 운동 시간의 측정값과 물체의 크기 정보를 이용하여 순간속력, 평균속력 등을 간접적으로 측정하는데 사용한다.

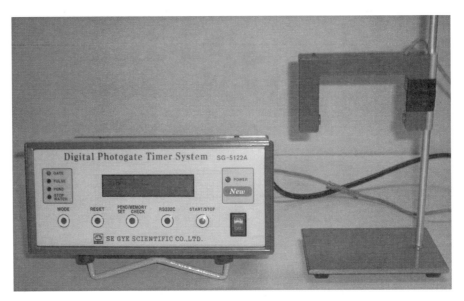

그림 8 Digital Photogate Timer System

○ 포토게이트: 빛을 발생시키는 발광 다이오드와 빛을 검출하는 광센서가 약 8cm 의 거리를 두고 마주하도록 만들어진 장치로서, 물체가 지나가며 광센서에 들어오는 빛을 차단할 때 포토게이트 타이머(Pulse, Pendulum 모드)를 작동시키거나 멈추게 하고, 또 빛을 차단하였다가 노출시킬 때 연속동작으로 포토게이트 타이머(Gate 모드)를 작동 - 정지 시키는 스위치의 역할을 한다.

(2) 사용법

① 'MODE' 버튼을 눌러 'Gate', 'Pulse', 'Pend', 'Stop Watch' 중 원하는 측정모드를 선택한다. 이때, 'MODE' 버튼을 한 번 누를 때 마다 측정모드가 바뀐다.

② 'START/STOP' 버튼을 눌러 측정 대기상태로 한다. 측정 대기상태가 되면 LCD 표시창에 'START !!!' 표시가 나타난다.

③ 선택한 모드에서 측정은 40회까지 연속적으로 이루어진다.

④ 다시 측정하고자 한다면 'RESET' 버튼을 누른 후, 'MODE' 버튼을 눌러 원하는 측정모드를 선택한다.

⑤ 포토게이트 타이머에 일시적으로 저장된 데이터를 확인하고자 할 때에는 'PEND/MEMORY' 버튼을 연속으로 눌러 확인한다.

(3) 측정모드의 기능

○ Gate: 물체가 포토게이트의 광센서를 지나가며 광센서를 가린 시간을 측정한다. 즉, 물체가 광센서를 가리기 시작할 때 타이머가 시간 측정을 시작하고, 물체가 지나간 후 광센서를 노출시킬 때 타이머가 멈추어 그 사이 경과시간을 측정한다. 광센서를 가리고 지나가는 물체의 길이를 안다면, 측정한 시간을 이용하여 이 물체의 순간속력에 준하는 속력을 구할 수 있다. 또한, 충돌 전후의 물체의 속력을 측정하는 데도 사용한다.

○ Pulse
• 포토게이트 2개 사용시: 물체가 이웃하는 두 개의 포토게이트의 광센서 사이를 지나가는 시간을 측정한다. 즉, 물체가 첫 번째 포토게이트의 광센서를 가리기 시작할 때 타이머가 시간 측정을 시작하고, 이어서 두 번째 포토게이트의 광센서를 가리기 시작할 때 타이머가 멈추어 그 사이 경과시간을 측정한다. 이웃하는 두 포토게이트의 광센서 간의 거리를 안다면, 측정한 시간을 이용하여 물체가 두 포토게이트 구간을 지나는 평균속력을 구할 수 있다.

• 포토게이트 1개 사용시: 하나의 포토게이트를 두 번 지나가는 데 걸리는 시간을 측정한다. 즉 물체가 처음 포토게이트의 광센서를 가리기 시작할 때 타이머가 시간 측정을 시작하고, 이어서 다시 포토게이트의 광센서를 가리기 시작할 때 타이머가 멈추어 그 사이 경과시간을 측정한다. 이 기능은 물체의 왕복 운동시간을 측정하는데 사용하기도 하고, 플래그와 같은 특별한 모양(⊔⊔)의 물체를 이용하여 순간속력에 준하는 속력을 구하는 데도 사용한다.

○ Pend: Pend는 Pendulum의 약어로서, 하나의 포토게이트를 세 번 지나는 데 걸리는 시간을 측정한다. 즉, 물체가 처음 포토게이트의 광센서를 가리기 시작할 때 타이머가 시간

측정을 시작하고, 물체가 두 번째 지나갈 때는 계측하지 않았다가 이어 세 번째 광센서를 가리기 시작할 때 타이머가 멈추어 그 사이 경과시간, 즉 왕복 운동하는 데 걸린 시간을 측정한다. 이 기능은 진자나 용수철 운동의 진동주기를 측정하는데 사용된다.

O Stop Watch: 직접 시간 측정을 하는데 사용한다.

PART Ⅱ 실험

1. 실험 목적

자유낙하하는 물체의 낙하거리와 낙하시간을 측정하여 중력가속도를 산출해낸다. 그리고 이 과정에서 중력가속도의 계산식으로 사용한 등가속도 직선 운동에 관한 운동방정식을 이해한다.

2. 실험 개요

자유낙하 실험 장치를 이용하여 플라스틱 구를 측정된 높이(낙하거리)에 위치하게 하고, 발사장치(electronic launcher)를 이용하여 플라스틱 구를 정지 상태로부터 낙하시킨다. 그리고 포토게이트 타이머 시스템을 이용하여 낙하시간을 측정한다. 이 플라스틱 구의 낙하거리와 낙하시간의 측정값을 자유낙하에 관한 등가속도 운동방정식에 대입하여 중력가속도를 산출해내고, 이 중력가속도의 측정값을 중력가속도의 참값 $9.80\,\mathrm{m/s^2}$와 비교하여 일치를 확인한다. 그리고 이러한 일치의 확인을 통해서 등가속도 직선 운동을 해석하는 데 사용한 등가속도 직선 운동에 관한 운동방정식이 옳음을 이해한다. 한편, 크기와 모양은 같으나 철심을 박아 더 무거운 플라스틱 구를 사용하여 동일한 높이에서 낙하시키고 그 낙하시간을 측정하여 중력가속도를 측정한다. 그리고 이 중력가속도 측정값을 이전 가벼운 플라스틱 구의 측정값과 비교하여 보고, 이를 통해서 자유낙하하는 물체는 질량(무게)에 상관없이 동일한 가속도로 낙하한다는 사실을 확인하여 본다.

3. 기본 원리

[1] 등가속도 직선 운동에 관한 운동방정식

우리는 자연 현상 속에서, 그리고 여러 장치의 사용 중에, 또 일상 속에서 현재의 주어진 조

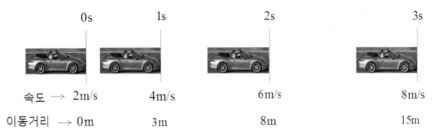

0s	1s	2s	3s
속도 → 2m/s	4m/s	6m/s	8m/s
이동거리 → 0m	3m	8m	15m

그림 1 자동차가 등가속도 직선 운동을 하고 있다.

건으로부터 물체의 이후의 또는 이전의 운동 상태를 알고자 한다. 예를 들어, "강물이 현재의 속도로 일정하게 흐른다면 2시간 후에 강물은 얼마나 멀리 떨어진 지점을 지나가고 있을까?, 달려오던 자동차가 일정한 가속도로 감속하여 얼마의 거리를 진행한 후 멈췄다면, 이 자동차는 감속하기 전에 얼마의 속도로 달린 것일까?, 농구공을 얼마의 속력으로 얼마의 각도로 던지면 공이 링을 통과할까?"와 같이 말이다. 이와 같이 현재의 어떠한 운동 상태의 정보로부터 이후의 또는 이전의 운동 상태를 기술할 필요성을 느끼며 살아간다. 이러한 상황에 답을 주는 것이 바로 운동방정식(equations of motion)이다. 즉, 운동방정식은 시간의 연속선 상에서 현재의 운동 조건으로부터 이후의 또는 이전의 운동 상태를 기술하는 방정식이다.

다음은 이러한 운동방정식을 쉽게 해석하는 차원에서 그림 1의 직선 도로를 달리는 자동차와 같이 직선 운동으로 국한한 등가속도 직선(1차원, 편의상 x축) 운동에 관해 그 운동방정식을 논하여 보자.

가속도의 정의로부터,

$$\vec{a}_{ave} = \frac{\Delta \vec{v}}{\Delta t} \quad \Rightarrow \quad a_{ave,x} = \frac{\Delta v_x}{\Delta t} \quad \Rightarrow \quad a_x = \frac{\Delta v_x}{\Delta t}$$

x방향의 1차원 운동이므로

등가속도 운동이므로

$$\Rightarrow \quad \Delta v_x = a_x \Delta t \quad \Rightarrow \quad v_x = v_{x0} + a_x \Delta t \tag{1}$$

$$\Delta v_x = v_x - v_{x0}$$

이다. 여기서, 아래첨자 'ave'는 평균을, 그리고 '0'는 처음을 나타낸다.

또한, 속도의 정의로부터,

$$\vec{v}_{ave} = \frac{\Delta \vec{r}}{\Delta t} \quad \Rightarrow \quad v_{ave,x} = \frac{\Delta x}{\Delta t} \quad \Rightarrow \quad \Delta x = v_{ave,x} \Delta t \quad \Rightarrow \quad x - x_0 = \frac{1}{2}(v_{x0} + v_x)\Delta t$$

x방향의 1차원 운동이므로

등가속도 운동이므로

$$\Rightarrow \quad x - x_0 = \frac{1}{2}\left[v_{x0} + (v_{x0} + a_x \Delta t) \right]\Delta t \quad \Rightarrow \quad x = x_0 + v_{x0}\Delta t + \frac{1}{2}a_x(\Delta t)^2 \tag{2}$$

이다. 한편, 가속도의 정의로부터 얻은 식 (1)의 속도에 관한 운동방정식을 시간 Δt 에 관해 정리한 후, 속도의 정의로부터 얻은 식 (2)의 위치에 관한 운동방정식에 대입하면 다음과 같이 시간이 나타나지 않는 또 하나의 운동방정식을 얻을 수 있다.

$$v_x = v_{x0} + a_x \Delta t \quad \Longrightarrow \quad \Delta t = \frac{v_x - v_{x0}}{a_x}$$

$$x = x_0 + v_{x0}\Delta t + \frac{1}{2}a_x(\Delta t)^2 \quad \Longrightarrow \quad x = x_0 + v_{x0}\left(\frac{v_x - v_{x0}}{a_x}\right) + \frac{1}{2}a_x\left(\frac{v_x - v_{x0}}{a_x}\right)^2$$

$$v_x^2 - v_{x0}^2 = 2a_x(x - x_0) \tag{3}$$

이상의 식 (1)~(3)의 세 개의 방정식을 등가속도 직선 운동에 관한 운동방정식이라고 한다.

[2] 자유낙하 운동

물체가 초기 운동 상태에 상관없이 중력만으로 낙하하는 것을 자유낙하라고 한다. 자유낙하는 중력만 작용한다고 하였으므로 물체의 낙하 중에 공기 저항 등의 여타의 외력은 작용하지 않는 운동이다. 그리고 물체의 운동의 초기 상태에 상관없으므로 위로 던지든지, 아래로 던지든지, 잡고 있다가 가만히 놓든지 손에서 떠난 물체는 중력만 작용한다면 모두 자유낙하 운동을 한다. 그러므로 똑바로 위나, 아래 또는 잡고 있다가 가만히 놓는 운동은 모두 연직(지면에 수직) 방향의 1차원 직선 운동을 하며, 일정한 중력이 작용하므로 등가속도 운동을 하게 된다.

연직 방향을 y 축이라고 하면, 이 연직방향의 등가속도 직선 운동방정식은 다음과 같이 나타내어진다. 편의상 지면을 향하는 즉, 위에서 아래로 향하는 방향을 양의 방향으로 삼는다. 그리고 중력가속도는 g 라 한다.

$$v_x = v_{x0} + a_x \Delta t \quad \Longrightarrow \quad v_y = v_{y0} + a_y \Delta t \quad \Longrightarrow \quad v_y = v_{y0} + g\Delta t \tag{4}$$

$$x = x_0 + v_{x0}\Delta t + \frac{1}{2}a_x(\Delta t)^2 \quad \Longrightarrow \quad y = y_0 + v_{y0}\Delta t + \frac{1}{2}a_y(\Delta t)^2$$

$$\Longrightarrow \quad y = y_0 + v_{y0}\Delta t + \frac{1}{2}g(\Delta t)^2 \tag{5}$$

$$v_x^2 - v_{x0}^2 = 2a_x(x - x_0) \quad \Longrightarrow \quad v_y^2 - v_{y0}^2 = 2a_y(y - y_0) \quad \Longrightarrow \quad v_y^2 - v_{y0}^2 = 2g(y - y_0) \tag{6}$$

[3] 자유낙하를 이용한 중력가속도 측정

자유낙하의 여러 운동 형태 중 특별히 처음 속도가 0인 즉, 정지 상태로부터 낙하하는 운동을 해석하여 중력가속도를 구하여 보자. 자유낙하 운동에 관한 운동방정식 (4)~(6) 중 어느 하나를 사용하면 낙하시간, 낙하거리, 낙하속도 등의 측정을 통해 중력가속도를 구할 수 있다.

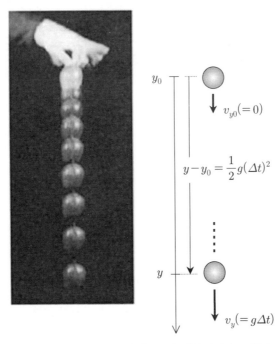

그림 2 공이 정지 상태로부터 자유낙하하고 있다.

그런데, 속도에 비해 시간을 측정하는 것이 훨씬 용이하므로, 낙하시간과 낙하거리를 측정하여 식 (5)의 운동방정식에 대입하는 방법으로 중력가속도를 구한다.

$$y = y_0 + v_{y0}\Delta t + \frac{1}{2}g(\Delta t)^2 \implies y - y_0 = \frac{1}{2}g(\Delta t)^2 \implies g = \frac{2\Delta y}{(\Delta t)^2} \tag{7}$$

4. 실험 기구

○ 자유낙하 운동 실험장치 [그림 3 참조]
  • 스탠드 (1)
  • 홀딩장치 (1)
  • 발사장치(Electronic Launcher) (1)
  • 낙하 구 (2): 플라스틱 구(1),
                 철심 넣은 플라스틱 구 (1)
○ 포토게이트 타이머 시스템
  • 포토게이트 타이머 (1)
  • Time of Pad (1)
○ 줄자

5. 실험 방법

(1) 그림 3과 같이 스탠드의 세로 기둥에 홀딩장치를 부착하고, 스탠드의 하단에는 플라스틱 구의 낙하 위치를 고려하여 Time-of-Pad를 설치한다.

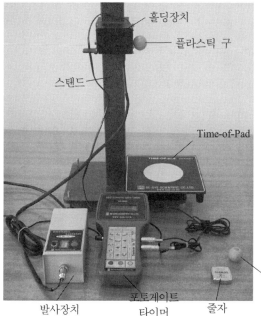

그림 3 실험장치의 구성

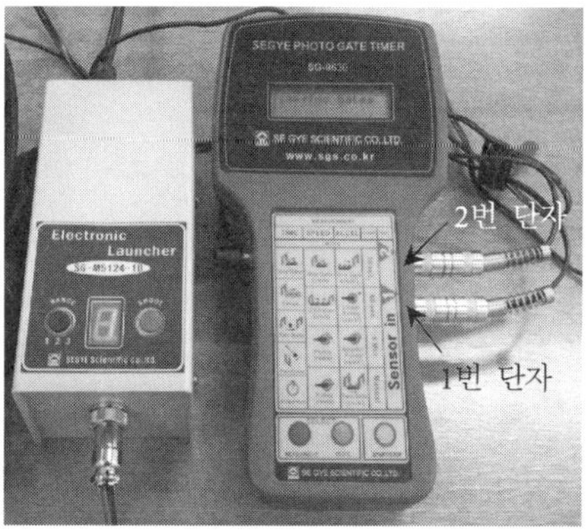

그림 4 발사장치(Electronic Launcher)와 포토게이트 타이머

(2) 홀딩장치 밑면의 단자와 발사장치(Electeonic Launcher)를 케이블로 연결한다.

(3) 홀딩장치에 달려 있는 연결잭을 포토게이트 타이머의 '1'번 단자에 꽂는다. [그림 4 참조]

(4) Time-of-Pad의 연결잭을 포토게이트 타이머의 '2'번 단자에 꽂는다. [그림 4 참조]

(5) 연두색의 플라스틱 구(type **A**)를 선택하여 홀딩장치의 돌출된 금속바에 꽂아 둔다.

(6) 홀딩장치의 높이를 조절하여 플라스틱 구의 하단으로부터 Time-of-Pad까지의 거리가 20 cm가 되게 한다. 그리고 이때의 거리를 낙하거리 Δy라 하고 기록한다.

(7) 발사장치의 전원을 켜고 'RANGE' 버튼을 눌러 1 또는 2단에 둔다.

(8) 포토게이트 타이머의 전원(타이머 왼쪽 옆면에 전원스위치 있음)을 켠다. 그리고 'MEASUREMENT' 버튼을 눌러 시간 측정모드인 'Time->'에 두고, 'MODE' 버튼을 눌러 두 지점을 지나는 시간을 측정하는 'Time->Two Gates' 모드가 되게 한다.

★ 'Time->Two Gates' 모드는 홀딩장치의 돌출된 금속바가 움직이기 시작할 때, 즉 플라스틱 구가 막 움직이기 시작할 때 시간측정을 시작하여 플라스틱 구가 Time-of-Pad에 부딪히면 시간측정을 멈추도록 하여 낙하거리 Δy 동안의 낙하시간 Δt를 측정해준다.

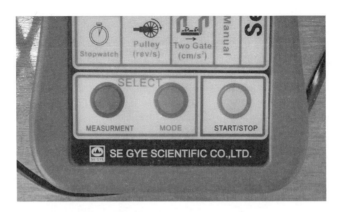

그림 5   포토게이트 타이머의 3개의 버튼

(9) 포토게이트 타이머의 'START/STOP' 버튼을 눌러 포토게이트 타이머를 측정 대기 상
태에 둔다. LCD 표시창에 '!'의 문자가 나타나면 타이머는 측정 대기 상태에 있게 된다.
★측정 후 재측정을 위해서는 'START/STOP'을 눌러 다시 '!' 문자가 나오게 하면 된다.

그림 6   포토게이트 타이머의 'START/STOP' 버튼을 눌러 LCD 표시창에 '!'의 문자가
나타나면 타이머는 측정 대기 상태에 있게 된다.

(10) 발사장치의 'SHOOT' 버튼을 눌러 플라스틱 구를 낙하시키고, 포토게이트 타이머의
LCD 표시창에 나타난 시간 측정값을 읽어 낙하시간 Δt라 하고 기록한다.

(11) 다시 플라스틱 구를 홀딩장치에 장착하고 낙하시키며 낙하시간(Δt)을 총 5회 측정한다.

(12) 낙하시간(Δt)의 평균값을 이용하여 중력가속도를 계산하고, 중력가속도의 참값 $9.80 \, \mathrm{m/s^2}$
와 비교하여 본다.

(13) 낙하거리(Δy)를 20 cm~90 cm까지 10 cm씩 증가시켜가며 과정 (9)~(12)를 수행한다.

(14) 이번에는 철심이 박혀 이전보다 무거운 주황색의 플라스틱 구(type B)를 이용하여 마지막 낙하거리($\Delta y = 90$ cm)에 대하여 낙하시간을 측정하고 중력가속도를 계산한다. 이 실험 결과를 이전의 가벼운 연두색의 플라스틱 구의 실험 결과와 비교하여 보고, 낙하물체의 질량(무게)이 중력가속도(또는 낙하시간)에 영향을 미치는지를 논하여 본다.

★ 이 실험은 다음의 그림으로 묘사되는 '갈릴레이의 피사의 사탑(Leaning Tower of Pisa) 실험'을 확인해 보기 위한 것이다. 실험 결과를 토대로 정말 갈릴레이의 말대로 무거운 물체와 가벼운 물체가 똑같이 떨어지는지를 확인하여 보아라. 만일, 실험(낙하시간 측정) 횟수의 부족으로 실험값을 신뢰하기가 곤란하다고 판단되면, 측정 횟수를 늘려 그 평균값의 신뢰도를 높이거나 다른 낙하거리(홀딩장치의 높이)에 대해서도 실험하여 보도록 한다.

실험 제목	중력가속도 측정 I – 자유낙하 이용		실험일시	
학과 (요일/교시)		조	보고서 작성자 이름	

* 다음의 물음에 대하여 괄호 넣기나 번호를 써서, 또는 간단히 기술하는 방법으로 답하여라.

1. ( )은 시간의 연속선 상에서 현재의 운동 조건으로부터 이후의 또는 이전의
운동 상태를 기술하는 방정식이다.

2. x 축 방향의 등가속도 직선 운동에 관한 운동방정식 3가지를 써 보아라.

$$v_x =$$

$$x =$$

$$v_x^2 -$$

3. 물체가 초기 운동 상태에 상관없이 ( )만으로 낙하하는 것을 자유낙하라고 한다.

4. 다음 중 자유낙하인 운동은? ( )
   ① 똑바로 위로 던졌을 때   ② 잡고 있다가 가만히 놓았을 때
   ③ 똑바로 아래로 던졌을 때   ④ 모두 다

5. 처음 위치 y_0 의 높이에서 정지 상태로부터 자유낙하한 물체의 위치 y 에 관한 운동방정식을
써 보아라. 단, 지면을 향하는 방향을 양의 방향으로 한다.

$$y = y_0 +$$

6. '문제 5'의 답을 이용하여 정지 상태로부터 자유낙하시킨 물체의 낙하거리(Δy)와 낙하시간(Δt)으로부터 중력가속도를 구하는 식을 써 보아라.

$$g =$$

7. 낙하시간을 측정하기 위하여 사용하는 포토게이트 타이머의 측정모드는?

Time → (   )

8. 이 실험에서 플라스틱 구의 낙하시간을 측정하는 실험 기구인 포토게이트 타이머 시스템의 구성 품목으로, 구의 충돌을 감지하여 시간 측정을 멈추게 하는 장치의 이름은?

(   )

9. 포토게이트 타이머의 'START/STOP' 버튼을 눌러 타이머를 측정 대기 상태에 두게 하는데, 이때 타이머의 LCD 표시창에 나타나는 문자는? (   )

10. '무거운 물체와 가벼운 물체를 자유낙하 시키면 동시에 떨어진다.' 이를 주장한 사람은? 그리고 이 주장에 대한 우리 친구들의 솔직한 심정은?

    Ans:

7. 결과

실험 제목	중력가속도 측정 I – 자유낙하 이용		실험일시	
학과 (요일/교시)		조	보고서 작성자 이름	

[1] 실험값

(1) 가벼운 플라스틱 구(type A)의 낙하시간 Δt 의 측정값과 중력가속도의 계산

Δy(m) \ 회	1	2	3	4	5	Δt 의 평균	$g = \dfrac{2\Delta y}{(\Delta t)^2}$
0.2							
0.3							
0.4							
0.5							
0.6							
0.7							
0.8							
0.9							
평균							

(2) 철심이 박힌 무거운 플라스틱 구(type B)의 낙하시간 Δt 의 측정값과 중력가속도의 계산

Δy(m) \ 회	1	2	3	4	5	Δt 의 평균	$g = \dfrac{2\Delta y}{(\Delta t)^2}$

[2] 결과 분석

* 실험 과정 (14)의 무거운 플라스틱 구와 가벼운 플라스틱 구의 중력가속도(또는 낙하시간) 측정 결과를 비교해 보아라.

[3] 오차 논의 및 검토

[4] 결론

실험
02 힘의 합성과 분해

1. 실험 목적

힘의 평형을 실험하고 이 과정에서 벡터로서의 힘의 합성과 분해를 이해한다.

2. 실험 개요

실험테이블에 수직하게 설치한 실험판에 자석이 달린 원형각도기 1개와 도르래 3개를 부착하고, 적당한 길이의 실 3개의 한쪽 끝은 원형 고리에 묶고 실의 다른 쪽 끝은 각각 추걸이에 묶어 도르래에 걸쳐 놓는다. 이어 그림 12, 13과 같이 추걸이에 적당량의 추를 달아 실에 걸리는 세 힘(장력) $\vec{A}$, $\vec{B}$, $\vec{R}$의 크기에 변화를 주거나 도르래를 움직여 세 힘의 방향 변화를 주어 원형 고리가 각도기의 정중앙에 오게 하면, 각 실에 걸리는 세 힘 $\vec{A}$, $\vec{B}$, $\vec{R}$은 각도기의 정중앙 점에 대하여 힘의 평형상태에 있게 된다. 이때, 두 실에 걸리는 힘(장력) $\vec{A}$와 $\vec{B}$를 각도기의 0도(x축)를 기준으로 하여 각각 x축과 y축 성분으로 분해한 뒤 성분별로 합하여 두 힘의 합의 이론값 $\vec{C}_{(이론)}$으로 하고, 두 힘 $\vec{A}$와 $\vec{B}$의 합력과 평형을 이룬 힘 $\vec{R}$의 음의 벡터를 $\vec{C}_{(실험)}$이라고 하여 실험값으로 삼아 $\vec{C}_{(이론)}$과 $\vec{C}_{(실험)}$의 일치를 비교하여 본다. 비교의 편리를 위해 $\vec{C}_{(이론)}$과 $\vec{C}_{(실험)}$은 각각 힘의 크기와 방향으로 나누어 각각을 비교하는 것으로 한다. 이러한 비교로부터 힘의 평형과 벡터로서의 힘의 합성과 분해 과정을 이해한다.

한편, 추의 질량을 변화시키는 방법으로 두 힘 $\vec{A}$와 $\vec{B}$의 힘의 크기만을 변화시켜가면서 실험하고, 또 실이 걸린 도르래를 움직여 두 힘 $\vec{A}$와 $\vec{B}$ 사이의 각도만을 변화시켜가면서도 실험하여 두 힘의 합성이 각 힘의 크기와 방향에 모두 관계함을 확인한다.

3. 기본 원리

[1] 벡터란?

(1) 스칼라량과 벡터량의 차이

스칼라량(scalar quantity)은 방향성은 없이 양의 크기만으로 정의되어지는 물리량이나, 벡터량(vector quantity)은 크기뿐만 아니라 방향을 모두 갖는 양으로 정의되는 물리량이다.

- 스칼라량: 시간, 온도, 부피, 질량, 이동거리, 속력, 일, 에너지 등
- 벡터량: 위치, 변위, 속도, 가속도, 힘, 운동량, 토크 등

그림 1 벡터량은 크기만 갖는 스칼라량과 달리 크기와 방향을 모두 갖는 물리량이다.

(2) 벡터의 표현

- 벡터를 표현하는 방법으로는 문자 위에 화살표를 붙여 쓰거나 문자를 볼드체로 써서 나타낸다.

$$\vec{A}, \ \boldsymbol{A}$$

- 벡터에서 방향을 제외하고 크기만을 나타내면, 이를 벡터의 크기(전기장과 자기장 같은 일부 벡터량에서는 세기라고도 함)라고 하고, 벡터 표기에 절대값을 붙여 나타내거나 볼드체를 사용하지 않고 문자만으로 표기한다.

$$|\vec{A}|, \ A$$

- 벡터를 기하학적으로 표현할 때는 화살표를 붙인 직선으로 나타낸다.

화살표의 길이: 벡터의 크기
화살표의 방향: 벡터의 방향

- 단위 벡터는 차원이 없고 크기가 1인 벡터로 방향을 표시하는 데 사용한다.

$$\hat{A} = \frac{\vec{A}}{|\vec{A}|}$$

직교 좌표계에서 x, y, z의 각 좌표축의 방향을 나타내는 방법으로 단위 벡터 $\hat{i}$, $\hat{j}$, $\hat{k}$ 나 $\hat{x}$, $\hat{y}$, $\hat{z}$ 을 사용한다.

$$|\hat{x}| = |\hat{y}| = |\hat{z}| = 1$$

[2] 벡터의 합성

(1) 벡터의 합성의 필요성

다음의 그림과 같이 3 km/h의 유속으로 흐르는 강을 배가 4 km/h의 속도로 가로질러 건넌다고 하자. 이 배를 지면에서 바라보면, 배의 속도와 강물의 유속을 더해 배는 7 km/h로 운동한다고 할 수 있을까? 아니다! 그렇다면? 지면에서 바라 본 배는 배의 처음 진행 방향에 대해 오른쪽으로 비스듬한 방향으로 5 km/h의 속력으로 운동하는 게 관측된다. 이와 같은 현상은 <u>벡터량인 속도</u>가 단순히 산술적인 셈법을 따라 더해지지 않음을 말해준다.

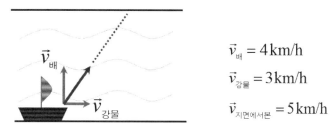

그림 2 지면에서 바라본 강물을 가로질러 가는 배의 속력은 7 km/h가 아니라 5 km/h이다.

이번에는 물체에 그림과 같이 두 힘이 작용한다면, 각각의 경우에 물체에 작용하는 알짜 힘은 다음과 같다.

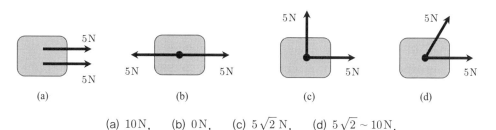

(a) 10 N, (b) 0 N, (c) $5\sqrt{2}$ N, (d) $5\sqrt{2} \sim 10$ N.

그림 3 물체에 두 힘이 나란하게 작용하지 않을 때는 두 힘의 합은 산술적인 셈법을 따르지 않는다.

위의 그림의 결과를 보면, 물체에 두 힘이 나란하게 작용할 때((a)와 (b)의 경우)는 두 힘의 합은 우리가 익히 알고 있는 산술적인 셈법을 따라 같은 방향이면 더하고, 반대 방향이면 빼서 구하면 된다. 그러나 두 힘이 나란하게 작용하지 않을 때((c)와 (d)의 경우)는 두 힘의 합은 산술적인 셈법을 따르지 않음을 알 수 있다.

자연과 공학의 여러 현상이나 상황을 기술할 때에 이와 같이 속도나 힘과 같이 크기와 방향을 모두 갖는 벡터량을 더하거나 빼는 셈이 자주 요구된다. 그래서 이러한 벡터량을 더할 수 있는 적절한 셈법의 이해와 활용은 필수적이다.

(2) 벡터의 덧셈과 뺄셈

① 기하학적 방법

○ 벡터의 기하학적 기본 성질
- 크기와 방향이 변하지 않는 한 벡터는 평행 이동해도 변하지 않는다. 화살표의 방향과 길이가 같은 다음의 세 벡터는 동일한 벡터이다.

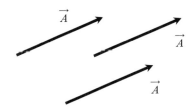

그림 4 벡터는 평행 이동해도 변하지 않는다.

- 한 벡터의 음($-$)의 벡터는 크기는 같고 방향은 반대인 벡터이다. 그래서 한 벡터와 그 벡터의 음의 벡터를 더하면 0이 된다.

그림 5 음의 벡터는 크기는 같고 방향은 반대인 벡터이다.

○ 벡터의 덧셈
벡터의 덧셈은 한 벡터($\vec{A}$)의 꼬리에 다른 벡터($\vec{B}$)의 머리를 이어 붙인 후, 한 벡터($\vec{A}$)의 머리에서 다른 벡터($\vec{B}$)의 꼬리를 잇는 화살표($\vec{C}$)로 나타낸다. 이와 같은 벡터의 덧셈 방법을 평행사변형법과 삼각형법이라고 한다.

$$\vec{C} = \vec{A} + \vec{B}$$

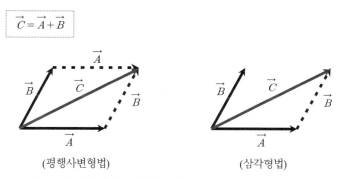

(평행사변형법)   (삼각형법)

그림 6 벡터의 덧셈. 평행사변형법 또는 삼각형법으로 더한다.

○ 벡터의 뺄셈

벡터의 뺄셈은 빼고자 하는 벡터를 음(−)의 벡터로 만들고 이를 더하면 된다.

$$\vec{D} = \vec{A} - \vec{B} \\ = \vec{A} + (-\vec{B})$$

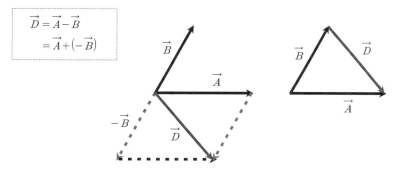

그림 7 벡터의 뺄셈. 빼고자 하는 벡터를 음(−)의 벡터로 만들고 평행사변형법 또는 삼각형법을 이용하여 더하면 된다.

○ 벡터는 덧셈의 교환법칙과 결합법칙을 따른다.

$$\vec{A} + \vec{B} = \vec{B} + \vec{A}$$

$$\vec{A} + (\vec{B} + \vec{C}) = (\vec{A} + \vec{B}) + \vec{C}$$

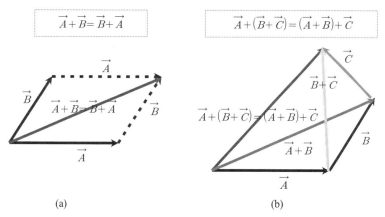

(a)   (b)

그림 8 벡터의 덧셈은 (a) 교환법칙, (b) 결합법칙을 모두 만족한다.

② 성분별 셈을 이용한 방법

두 벡터를 더하는 데 있어 오히려 두 벡터를 각각 x, y의 좌표축 성분으로 분해하여 4개의 벡터(3차원의 경우 6개)로 만들면, 각 좌표축 방향의 두 벡터는 나란한 벡터가 되어 산술적인 셈으로 더할 수 있게 되고, 이렇게 각 좌표축 성분별로 더한 값에 단위 벡터를 취하여 합으로 기술하면 두 벡터의 덧셈을 쉽게 구할 수 있다. 이와 같이 벡터를 합성하는 데는 성분별 셈을 이용하는 방법이 평행사변형법의 기하학적인 방법보다 훨씬 더 편리하고 쉽다.

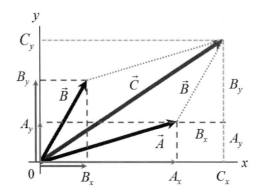

그림 9 벡터의 성분별 셈을 이용한 덧셈 방법.

$$\vec{A} = A_x \hat{x} + A_y \hat{y}, \quad \vec{B} = B_x \hat{x} + B_y \hat{y},$$

$$\vec{C} = C_x \hat{x} + C_y \hat{y}$$
$$= (A_x + B_x) \hat{x} + (A_y + B_y) \hat{y} \qquad (1)$$

[3] 힘의 평형

질점[1])의 물체에 여러 힘이 작용할 때 물체에 작용하는 알짜 힘이 0이면, 물체는 힘의 평형 상태에 있다고 한다.

$$\text{힘의 평형 조건:} \ \sum \vec{F} = 0 \qquad (2)$$

만일, 질점의 물체에 아래 그림과 세 개의 힘 $\vec{A}$, $\vec{B}$, $\vec{R}$이 작용하는데, 이 질점이 힘의 평형 상태에 있다면, 세 힘은 다음의 관계를 만족한다.

$$\sum \vec{F} = \vec{A} + \vec{B} + \vec{R} = 0$$

---

1) 질점의 물체가 아니라 크기가 있는 물체가 평형 상태에 있으려면, 힘의 평형($\sum \vec{F} = 0$) 조건에 더해 물체에 작용하는 알짜 토크가 0인 회전 평형($\sum \vec{\tau} = 0$)의 조건이 요구된다.

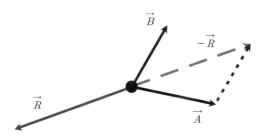

그림 10 질점의 물체에 세 힘이 작용하는데, 두 힘의 합이 다른 하나의
힘과 크기는 같고 방향이 반대이면 물체에 작용한 알짜 힘은 0이
되고 물체는 힘의 평형 상태에 있게 된다.

$$\vec{A} + \vec{B} = -\vec{R} \tag{3}$$

즉, 두 힘 $\vec{A}$와 $\vec{B}$의 합은 평형을 이루는 다른 힘 $\vec{R}$과 크기는 같고 방향이 반대이다.

4. 실험 기구

O 역학 종합 실험장치
- 실험판(1): 철판으로 이루어져 있으며 자석이 달린 도르래, 원형각도기 등의 기구를 붙
여 실험한다.
- 도르래(3): 실을 매단 추걸이를 걸쳐 놓는데 사용한다. 도르래를 움직여서 실에 걸리는
장력의 방향을 조절할 수 있다.
- 원형각도기(1): 실에 걸리는 장력의 방향을 측정하는 데 사용한다. 각도기는 중앙에 고
정 핀이 있으며 이 핀에 대해 자유롭게 회전할 수 있다.

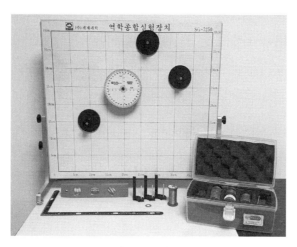

그림 11 실험 기구

- 원형 고리(1): 고리의 세 군데에 장력이 작용하는 실을 묶어 원형각도기의 정중앙에 둠으로써 힘의 평형 상태에 있는 질점의 역할을 한다.
- 추걸이(3)
- 수준기(1)
  ○ 추 세트
  ○ 실
  ○ 자
  ○ 전자저울

5. 실험 방법

(1) 실험판 하단의 수평조절나사를 조절하여 실험판이 수직하게 놓이도록 한다.
    ★ 이 과정은 실험테이블이 심하게 기울어져 있거나 하는 등의 특별한 사정이 아니면 수행할 필요는 없다. 그리고 이 과정을 수행할 때에 실험판의 기울어짐 여부는 수준기를 사용하여 확인하면 된다.

(2) [그림 12 참조] 약 $30\,\mathrm{cm}$, $30\,\mathrm{cm}$, $35\,\mathrm{cm}$ 정도의 실 세 가닥을 준비하고, 이 실을 각각 원형 고리에 묶는다. 그리고 실의 다른 끝은 각각 추걸이에 묶는다.

(3) [그림 12 참조] 실험판의 중앙 약간 위쪽에 원형각도기를 부착한다.

(4) 원형각도기 주위의 적당한 위치에 세 개의 도르래를 부착하고, 원형 고리와 추걸이를 연결한 실을 각각의 도르래에 걸쳐 놓는다. 그런데 가급적이면 그림 12와 같이 원형각도기 오른쪽의 두 도르래는 <u>모두 1사분면에 두거나</u>, 하나는 1사분면에 다른 하나는 4사분면에 두도록 한다.

그림 12 원형 고리가 원형각도기의 정중앙에 오도록 하여 힘의 평형을 실험한다.

〈기본 실험〉

(5) 그림 12와 같이 원형각도기 오른쪽의 두 추걸이에는 각각 40 g 정도의 추를, 왼쪽의 추걸이에는 75 g 정도의 추를 단다.

> ★ 구체적으로 40 g과 75 g의 추의 질량을 제안한 것에는 별다른 이유는 없다. 단지 실험 초기 값으로 적당한 값을 추천한 것뿐이다.

(6) 원형각도기를 움직여 원형 고리가 각도기의 정중앙에 놓이도록 한다. 그리고 각도기의 $0°$를 x축에 일치하게 둔다.

(7) 원형각도기 오른쪽의 두 도르래를 각각 움직여 두 실이 각각 $15°$와 $65°$ 정도를 가리키게 한다. 이 과정에서 원형 고리가 각도기의 정중앙에서 벗어나도 그대로 둔다.

> ★ 두 실의 각도를 각각 $15°$와 $65°$ 정도로 제안한 것은 그림 6, 9, 10과 같은 익숙한 벡터의 배치로 실험을 하면 실험의 이해가 쉬울 것 같아 그리한 것이다.

(8) 각 실에 걸리는 힘(장력)을 다음의 그림 13과 같이 각각 $\vec{A}$, $\vec{B}$, $\vec{R}$로 명명한다. 그리고 먼저, 장력 $\vec{R}$의 실의 추걸이에 **추를 가감하여 원형 고리가 원형각도기의 정중앙 근처에 오게하고, 이어서 이 실이 닿은 도르래만을 미세하게 움직여서** 원형 고리가 정확히 원형각도기의 정중앙에 오게 한다. 이렇게 원형 고리가 각도기의 정중앙에 오게 되면, 각도기의 정중앙 점에 대하여 세 힘 $\vec{A}$, $\vec{B}$, $\vec{R}$은 평형 상태에 있게 된다.

> ★ 이 과정에서 장력 $\vec{A}$, $\vec{B}$의 두 실이 닿은 도르래는 건드리지 않는 것으로 한다.

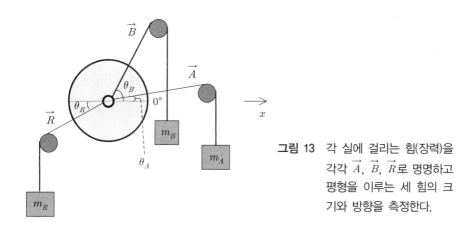

그림 13 각 실에 걸리는 힘(장력)을 각각 $\vec{A}$, $\vec{B}$, $\vec{R}$로 명명하고 평형을 이루는 세 힘의 크기와 방향을 측정한다.

(9) 그림 14의 화살표와 같이 장력 $\vec{R}$의 실에 **수직**한 방향으로 원형 고리를 서너 차례 살짝 건드려 본다. 그렇게 해서 원형 고리가 원형각도기의 정중앙에 정확히 위치하는지를 확인한다. 만일 원형 고리가 각도기의 정중앙에 위치하지 않으면 과정 (8)을 다시 수행한다.

> ★ 원형 고리와 각도기 사이의 마찰이나 도르래의 바퀴와 축 사이의 마찰 등에 의해 발생하는 원형 고리의 부자연스러운 움직임으로 인해 원형 고리가 우연히 각도기의 정중앙에 놓일 수도 있다. 그래서 원형 고리를 살짝 건드려서 이번 과정과 같이 확인해 보는 것이 좋다.

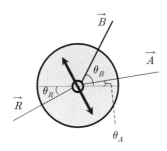

그림 14 원형 고리를 장력 $\vec{R}$의 실에 수직한 방향으로 살짝 건드린 후 여전히
원형 고리가 원형각도기의 정중앙에 위치하는지를 확인한다.

(10) [그림 13 참조] 원형각도기의 정중앙 점에 대하여 세 힘 $\vec{A}$, $\vec{B}$, $\vec{R}$의 평형 상태가 확인
되면, 세 힘의 크기(각 추걸이에 단 추(추걸이 포함)의 <u>무게</u>)를 구하기 위해 추의(추걸이
포함) 질량을 측정하고 기록한다. 그리고 각도기의 0°를 지나는 수평선의 x축에 대하여
각 힘이 이루는 각을 측정하고 기록한다.
   ★ 추걸이의 질량은 5.5 g이다.
   ★ 실험 도중 원형각도기의 0°를 가리키는 수평선이 약간 회전하여 x축에서 벗어날 수도 있다. 이
     때, 회전한 상태에서 각도를 측정하여도 아무 문제없다. 회전한 상태라 해도 세 각이 모두 0°와
     180°의 눈금을 기준으로 하여 측정한 가이면 실험 결과에는 영향을 미치지 않는다.

(11) [그림 15 참조] 두 힘(장력) $\vec{A}$와 $\vec{B}$의 합력을 그림 9와 같이 '성분별 셈을 이용한 방법'
으로 구하여 이론값 $\vec{C}_{(이론)}$으로 하고, 장력 $\vec{R}$의 <u>음(-)의 벡터</u>를 실험값 $\vec{C}_{(실험)}$으로 하
여 두 값을 비교하여 본다. 두 값의 정량적 비교의 편리한 방법으로 두 힘 벡터 $\vec{C}_{(이론)}$
과 $\vec{C}_{(실험)}$의 크기와 방향(각도기의 0°와 180°를 기준으로 하여 측정한 각으로 함)을 따
로 비교해 보는 것으로 한다.
   ★ 두 힘 $\vec{A}$와 $\vec{B}$의 합력과 나머지 힘 $\vec{R}$은 평형을 이룬다.
   ★ 세 힘 $\vec{A}$, $\vec{B}$, $\vec{R}$의 크기는 각 추걸이에 달린 추(추걸이 포함)의 무게, $m_A g$, $m_B g$, $m_R g$ 이다.

> **비교 대상**
>
> ① $C_{(이론)}$과 $C_{(실험)}$
> ② ϕ와 θ_R

> **비교시 유의사항**

$C_{(이론)}$과 $C_{(실험)}$은 각각 힘의 크기이고, 아래의 수식을 보면 이 힘들은 추의 무게로 나타내어진
다. 한편, 추의 무게는 $w = mg$와 같이 추의 질량과 중력가속도의 곱으로 표현된다. 그러므로 두
힘 $C_{(이론)}$과 $C_{(실험)}$ 모두에 중력가속도가 포함되고, 이 둘의 비교에서 중력가속도는 상쇄된다. 그
러므로 두 힘의 표현에서 중력가속도를 수치로 나타내는 것은 다소 무의미하고 계산상의 번거로

움도 수반하게 된다. 그래서 <u>중력가속도를 수치화하지 않고 문자 g로 사용하는 것을 제안한다.</u>

주의사항

만일, 과정 (4)에서 도르래의 위치를 1과 4사분면에 두어서 그림 13의 장력 $\vec{A}$가 4사분면을 향하게 되면, 이하의 수식에서 벡터 $\vec{A}$의 y축 성분은 음(−)의 값을 가짐에 유의하여야 한다.

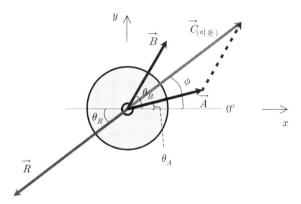

그림 15 두 힘 $\vec{A}$와 $\vec{B}$의 합력과 나머지 힘 $\vec{R}$이 평형을 이루면, 측정값 $\vec{R}$의 음(−)의 벡터를 두 힘 $\vec{A}$와 $\vec{B}$의 합력의 실험값이라고 할 수 있다.

$$\vec{A} = A_x\hat{x} + A_y\hat{y} = A\cos\theta_A\,\hat{x} + A\sin\theta_A\,\hat{y} = m_A\,g\cos\theta_A\,\hat{x} + m_A\,g\sin\theta_A\,\hat{y}$$

$$\vec{B} = B_x\hat{x} + B_y\hat{y} = B\cos\theta_B\hat{x} + B\sin\theta_B\hat{y} = m_B\,g\cos\theta_B\hat{x} + m_B\,g\sin\theta_B\hat{y}$$

$$\vec{C}_{(이론)} = \vec{A} + \vec{B} = (m_A\cos\theta_A + m_B\cos\theta_B)g\,\hat{x} + (m_A\sin\theta_A + m_B\sin\theta_B)g\,\hat{y}$$

$$C_{(이론)} = |\vec{A} + \vec{B}| = g\,\sqrt{(m_A\cos\theta_A + m_B\cos\theta_B)^2 + (m_A\sin\theta_A + m_B\sin\theta_B)^2}$$

$$\tan\phi = \frac{C_y}{C_x} = \frac{A_y + B_y}{A_x + B_x} = \frac{(m_A\sin\theta_A + m_B\sin\theta_B)g}{(m_A\cos\theta_A + m_B\cos\theta_B)g}$$

$$\phi = \tan^{-1}\left(\frac{C_y}{C_x}\right) = \tan^{-1}\left(\frac{m_A\sin\theta_A + m_B\sin\theta_B}{m_A\cos\theta_A + m_B\cos\theta_B}\right)$$

$$\vec{C}_{(실험)} = -\vec{R}$$

$$C_{(실험)} = |-\vec{R}| = m_R g \tag{4}$$

〈두 힘 $\vec{A}$와 $\vec{B}$의 크기 변화를 주는 실험〉

(12) 두 힘 $\vec{A}$와 $\vec{B}$ 사이의 각을 그대로 유지하기 위해서 장력 $\vec{A}$와 $\vec{B}$의 실이 닿은 도르래는 움직이지 않는다. 그 상태에서 장력 $\vec{A}$와 $\vec{B}$의 크기를 결정하는 추의 질량을 임의로 변화시켜가면서 합력을 이루는 두 힘의 크기 변화에 따른 힘의 합성을 실험한다. <기본 실험>을 1회로 간주하고 추가로 4회 더 수행한다.

〈두 힘 $\vec{A}$와 $\vec{B}$ 사이의 각도 변화를 주는 실험〉

(13) 추의 질량은 <기본 실험> 또는 과정 (12)의 한 상태로 두어 두 힘 $\vec{A}$와 $\vec{B}$의 크기는 일정하게 유지하고, 장력 $\vec{A}$와 $\vec{B}$의 실이 닿은 도르래를 움직여 두 힘 $\vec{A}$와 $\vec{B}$ 사이의 각도만 임의로 변화시켜가면서 두 힘 사이의 각도 변화에 따른 힘의 합성을 실험한다. <기본 실험> 또는 과정 (12)의 실험을 1회로 간주하고 추가로 4회 더 수행한다.

(14) 과정 (12)와 (13)을 통해서 힘의 평형, 벡터로서의 힘의 합성과 분해를 이해한다. 또한, 두 벡터의 합성이 각 벡터의 크기와 두 벡터의 사이각에 관계함을 이해한다.

6. 실험 전 학습에 대한 질문

실험 제목	힘의 합성과 분해			실험일시	
학과 (요일/교시)		조		보고서 작성자 이름	

* 다음의 물음에 대하여 괄호 넣기나 번호를 써서, 또는 간단히 기술하는 방법으로 답하여라.

1. 이 실험의 목적을 써 보아라.

   Ans: _____

2. 다음의 물리량 중 크기와 방향을 모두 갖는 양으로 정의되는 벡터량이 아닌 것은?

   Ans: _____

   ① 위치   ② 속도   ③ 가속도   ④ 힘   ⑤ 에너지

3. 다음 중 벡터에 대한 설명으로 옳지 않은 것을 모두 골라라.   Ans: _____

   ① 벡터를 기하학적인 방법으로 나타낼 때는 화살표를 붙인 직선으로 나타낸다.
   ② 교환 법칙은 성립하나 결합 법칙은 성립하지 않는다.
   ③ 음의 벡터는 원래 벡터와는 크기는 갖고 방향만 반대이다.
   ④ 벡터는 평행 이동하면 그 값이 달라진다.
   ⑤ 벡터의 기하학적인 덧셈 방법으로는 평행사변형법과 삼각형법이 있다.

4. 두 힘이 각각 $\vec{A} = 3\,\hat{x} + 2\,\hat{y}\,(\mathrm{N})$ 와 $\vec{B} = 2\,\hat{x} + 5\,\hat{y}\,(\mathrm{N})$ 라면, 두 힘의 합력은 얼마인가? 단위 벡터를 써서 답을 하여라.

   Ans: _____   N

5. 두 힘이 각각 $\vec{A} = 4\hat{x} - \hat{y}$ (N) 와 $\vec{B} = 2\hat{x} + 3\hat{y}$ (N) 라면, (1) 두 힘의 합력의 크기는 얼마인가? (2) 두 힘의 합력이 x축과 이루는 각은 얼마인가?

Ans: (1) _____ N, (2) _____ °

6. 다음의 글의 괄호에 알맞은 말을 써 넣어라.

> 질점의 물체에 여러 힘이 작용할 때 물체에 작용하는 알짜 힘이 0이면, 물체는 (   ) 상태에 있다고 한다.

7. 다음 중 이 실험에서 사용하는 실험 기구가 아닌 것은? ? Ans: _____

① 도르래   ② 원형각도기   ③ 포토게이트 타이머   ④ 실험판   ⑤ 추 세트

8. 이 실험에서 사용하는 실험 기구인 '원형 고리'의 역할을 써 보아라.

Ans: _____

_____

9. 그림 12 또는 13과 같이 원형 고리가 원형각도기의 정중앙에 정확히 위치하게 하기 위해서는 최종적으로 도르래를 미세하게 움직여 원형 고리의 움직임을 만들어야 하는데, 이때 어떤 실과 닿은 도르래를 움직여야 하는가? 그림 13의 그림을 보고 답하여라. Ans: _____

① 장력 $\vec{R}$ ② 장력 $\vec{A}$ ③ 장력 $\vec{B}$

10. 그림 12 또는 13과 같이 원형 고리가 원형각도기의 정중앙에 위치하였을 때, 원형 고리와 각도기 사이의 마찰이나 도르래의 바퀴와 축 사이의 마찰 등에 의해 발생하는 원형 고리의 부자연스러운 움직임으로 인해 원형 고리가 우연히 각도기의 정중앙에 놓일 수도 있다. 그래서 이러한 점을 확인하기 위해서 실험 과정에서 행하는 내용을 기술하여라.

Ans: _____

_____

7. 결과

실험 제목	힘의 합성과 분해			실험일시	
학과 (요일/교시)		조		보고서 작성자 이름	

[1] 실험값

○ 중력가속도의 크기 $g = 9.80665\,\mathrm{m/s}$.

(1) 두 힘 $\vec{A}$와 $\vec{B}$의 크기만 변화

① 세 힘 $\vec{A}$, $\vec{B}$, $\vec{R}$과 관련된 각과 질량의 측정

회	θ_A	θ_B	θ_R	m_A	m_B	m_R
1						
2						
3						
4						
5						

② 두 힘 $\vec{A}$와 $\vec{B}$의 합력의 이론값 $\vec{C}_{(이론)}$과 실험값 $\vec{C}_{(실험)}$의 비교

회	$C_{(이론)}$	ϕ	$C_{(실험)}$	θ_R	$\dfrac{C_{(이론)} - C_{(실험)}}{C_{(이론)}} \times 100\%$	$\dfrac{\phi - \theta_R}{\phi} \times 100\%$
1	gN		gN			
2	gN		gN			
3	gN		gN			
4	gN		gN			
5	gN		gN			
평균	✕	✕	✕	✕		

* 계산의 편의상 중력가속도는 수치화하지 않고 문자 g 그대로 쓴다.

(2) 두 힘 $\vec{A}$와 $\vec{B}$ 사이의 각만 변화

① 세 힘 $\vec{A}$, $\vec{B}$, $\vec{R}$과 관련된 각과 질량의 측정

회	m_A	m_B	m_R	θ_A	θ_B	θ_R
1						
2						
3						
4						
5						

② 두 힘 $\vec{A}$와 $\vec{B}$의 합력의 이론값 $\vec{C}_{(이론)}$과 실험값 $\vec{C}_{(실험)}$의 비교

회	$C_{(이론)}$	ϕ	$C_{(실험)}$	θ_R	$\dfrac{C_{(이론)}-C_{(실험)}}{C_{(이론)}}\times100\%$	$\dfrac{\phi-\theta_R}{\phi}\times100\%$
1	gN		gN			
2	gN		gN			
3	gN		gN			
4	gN		gN			
5	gN		gN			
평균						

* 계산의 편의상 중력가속도는 수치화하지 않고 문자 g 그대로 쓴다.

[2] 결과 분석

[3] 오차 논의 및 검토

[4] 결론

03 액체의 밀도 측정

1. 실험 목적

Hare의 장치를 이용하여 액체의 밀도를 측정한다. 그리고 그 과정에서 뉴턴의 운동 제 1법칙의 적용과 액체(유체) 내의 압력에 관한 정의를 이해한다.

2. 실험 개요

Hare의 장치를 이용하여 물과 에틸−알코올의 액체 기둥을 만들고, Hare 장치 내의 공기 압력을 조금씩 높여주어 액체 기둥의 높이를 조금씩 낮춘다. 이 과정에서 두 액체 기둥의 높이 변화를 측정하고, 두 액체 기둥의 높이 변화의 비와 이미 알고 있는 물의 밀도를 이용하여 밀도를 모르는 액체 시료로서의 에틸−알코올의 밀도를 측정한다. 한편, 에틸−알코올의 밀도 측정 후에는 시중에서 판매되는 소주를 액체 시료로 하여 그 밀도를 측정하고, 이 밀도의 측정값으로부터 소주 내 에틸−알코올의 농도를 알아낸다. 이러한 액체의 밀도 측정 과정에서 액체의 정적 평형상태를 해석하는 데에 뉴턴의 운동 제 1법칙이 적용됨을 이해하고, 이를 통해 정의되는 액체 내의 압력을 또한 이해한다.

3. 기본 원리

[1] 액체 내의 깊이에 따른 압력의 변화

이상적인 액체(이후의 논의는 액체뿐만 아니라 기체를 포함하는 유체에 대해서도 동일하게 적용된다.)가 용기 속에서 아무런 흐름 없이 정지해 있다면 액체의 모든 부분은 정적 평형상태에 있어야 한다. 이는 '액체 내의 같은 깊이에 있는 모든 점에서의 압력(단위 면적 당 작용하는 힘)은 동일해야 함'을 말해 준다. 만일, 그렇지 않다면 액체의 어떤 부분은 평형상태에 있지 않게 되어 용기 내에는 액체의 흐름이 있게 된다. 이와 같은 사실은 다음의 그림 1(a)에

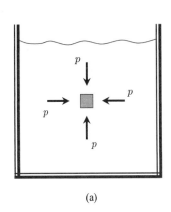

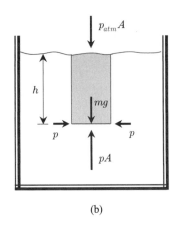

(a)   (b)

그림 1 (a) 정적 평형상태에 있는 액체 내의 매우 작은 부피요소에 작용하는 압력(p)은 방향에
관계없이 동일하다. (b) 액체가 정적 평형상태에 있다면, 이 액체 내의 색칠된 $V = Ah$
의 부피 요소에 작용하는 알짜 힘은 0이다.

제안된 상황의 설명으로써 증명되어진다.

　그림 1(a)는 용기에 담긴 액체 내의 임의의 지점의 작은 부피요소가 주위로부터 압력을 받고 있는 상황을 나타내었다. 이 작은 부피요소는 주의의 액체와 구분지어서 나타냈을 뿐이지 주위와 동일한 액체이다. 그리고 이 부피요소는 편의상 정육면체의 모양을 갖는 것으로 하며, 용기 내 액체의 전체 부피에 비해 매우 작아 그 크기를 무시할 수 있을 정도라고 하자. 그런데, 이 작은 부피요소가 정지 상태에 있다고 하면, 이 부피요소에 작용하는 알짜 힘은 0이 되어야 하므로 정육면체의 마주보는 면에는 같은 크기의 힘이 서로 반대 방향으로 작용하고 있다고 할 수 있겠다. 그리고 이 정육면체의 부피요소의 정지 상태는 부피요소의 모양 변화도 일어나지 않는 것을 포함한 정적 평형상태이므로, 부피요소에 작용하는 모든 힘들은 방향에 관계없이 그 크기가 모두 같아야 한다. 한편, 단위 면적 당 작용한 힘을 압력이라고 하므로, 정육면체의 동일한 크기의 각 면에 작용한 힘이 같다면 압력도 같다고 할 수 있다. 이것으로부터 액체 내의 크기를 무시할 수 있을 정도로 작은 부피요소에 작용하는 압력은 방향에 관계없이 동일하다고 결론지을 수 있다.

　이어서 액체 내의 깊이에 따른 압력의 변화를 알아보도록 하자. 이를 위해 그림 1(b)에서와 같이 '정적 평형상태'에 있는 액체 내의 임의의 부피요소(그림에서 색칠된 부분)에 작용하는 힘들에 대해 논해 보자. 이 부피요소는 밑면적은 A이고 높이는 h인 원기둥 모양으로 윗면은 수면과 접해 있는 상태에 있다고 하자. 그러면, 그림 1(b)에서 나타낸 것과 같이 원기둥 부피요소의 밑면에는 대기(공기)가 부피요소의 윗면을 누르는 힘($p_{atm}A$, p_{atm}은 대기압)과 부피요소의 무게에 해당하는 중력(mg)이 아래쪽으로 누르는 힘으로 작용하고, 부피요소 아래 액체에 의해 가해지는 압력에 의한 힘(pA)이 위쪽으로 작용한다. 이 힘들 중에서 원기둥 부피요소의 밑면에 아래로 가하는 두 힘은 별 의심 없이 받아들일 수 있을 것이다. 그러나 '부피요소 아래의 액체가 부피요소에 위로 가하는 힘'은 다소간 의심스러울 수도 있다. 하지만, 이 힘이 존재하지 않는다면 대기가 원기둥 부피요소의 윗면을 누르는 힘과 이 부피요소에 작용하는 중력의 아래로 작용하는 힘에 대하여 반대 방향인 위쪽으로 작용하는 힘이 없어, 이 부피요소에는 아랫방향으로의 알짜 힘이 작용하게 된다. 그렇게 되면, 액체 내에는 흐름이 발생하고 이는 '액체가 정적 평형상태에 있다.'는 상황에 위배된다. 그러므로 이 '부피요소 아래의 액체가 부피요소에 위로 가하는 힘'은 반드시 존재하는 힘인 것이다.

원기둥 부피요소는 정적 평형상태에 있으므로, Newton의 운동 제 1법칙에 의해 이 부피요소에 작용하는 알짜 힘은 0 이어야 한다. 따라서

$$\sum F = p_{atm}A + mg - pA = 0 \tag{1}$$

이다. 여기서, p_{atm}은 공기의 압력, 즉 대기압이고, m은 원기둥 부피요소의 질량, p는 원기둥 부피요소의 아랫면에 작용하는 압력이다. 용기 내의 액체의 밀도를 ρ라고 하면 원기둥 부피요소의 부피는 $V = Ah$이므로, 원기둥 부피요소의 액체의 질량은

$$m = \rho V = \rho(Ah) \tag{2}$$

가 된다. 이 질량 m의 표현을 식 (1)에 대입하면

$$p_{atm}A + (\rho Ah)g - pA = 0 \tag{3}$$

이 되고, 이 식의 양변을 면적 A로 나누고 정리하면, 액체 내의 압력은

$$p = p_{atm} + \rho gh \tag{4}$$

가 된다. 이 식 (4)는 액체 내의 표면으로부터 h 깊이에서의 압력은 대기압(p_{atm})과 h 높이의 액체 기둥에 의한 압력(ρgh)의 합으로 나타내어진다는 것을 말해준다. 이는 또한, 액체 내부에서의 압력은 액체의 표면으로부터의 깊이에 비례한다는 것과 액체 내부의 압력은 동일한 깊이에서 모두 같다는 것을 말해준다.

[2] Hare의 장치를 이용한 액체의 밀도 측정

Hare의 장치는 그림 2와 같이 도립(倒立) U자형 유리관과 이 유리관으로부터 공기를 뽑아내거나 주입할 수 있는 고무호스와 피펫필러(공기펌프 역할), 그리고 액체 시료를 담을 수 있는 비커로 구성되어 있다. 이 U자형 유리관의 양쪽 입구를 서로 다른 액체 시료가 담긴 비커에 잠기게 한 채 고무호스를 통해 유리관 내의 공기를 뽑아내면, 유리관 내의 공기압은 유리관 밖의 대기압보다 낮아지게 되어 비커에 담긴 두 액체는 각각 유리관을 따라 올라가 액체 기둥을 형성하게 된다. 이때, 양쪽 유리관에 형성되는 액체 기둥의 높이는 두 액체의 밀도에 따라 각기 다른 값을 갖게 되는데, 이러한 액체 기둥의 높이와 밀도와의 관계를 이용하면 액체 기둥의 높이의 측정으로부터 액체의 밀도를 쉽게 알아낼 수 있다.

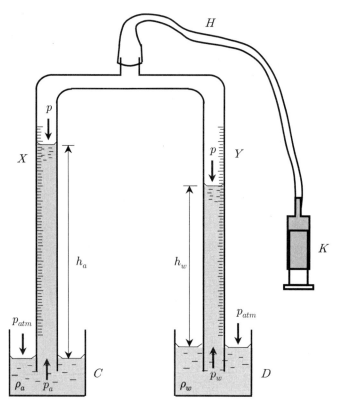

그림 2 Hare의 장치를 이용하면 유리관 내에 형성되는 액체 기둥의 높이
측정만으로 간단히 액체의 밀도를 알아낼 수 있다.

다음은 앞서 설명한 Hare의 장치의 원리를 이용하여 액체의 밀도를 측정하는 방법을 알아
보자. 그림 2처럼 Hare의 장치의 양쪽 유리관 입구를 각각 밀도가 ρ_a와 ρ_w의 액체가 담긴 비
커 C, D에 잠기게 하고 피펫필러(공기펌프 역할) K를 이용하여 고무호스 H를 통해 유리관
내의 공기를 뽑아내면, 두 액체는 각각 유리관 X, Y를 따라 올라가 유리관 내에 서로 다른
높이의 액체 기둥을 형성한다. 이때, 두 유리관 X, Y 내의 액체 기둥의 높이를 각각 측정하여
h_a, h_w라고 하자. 그리고 값을 모르는 유리관 내부의 공기압은 p라고 하자. 현재 두 액체 기
둥은 각각 정적 평형상태에 있다. 그렇다면, 각각 두 액체 기둥에 작용하는 알짜 힘은 0이 되
는 것인데, 이를 그림 1(b)의 상황을 설명한 것처럼 기술하면

$$\sum F = pA + m_a g - p_a A = 0 \quad \Rightarrow \quad p_a = p + m_a g/A \tag{5}$$

$$\sum F = pA + m_w g - p_w A = 0 \quad \Rightarrow \quad p_w = p + m_w g/A \tag{6}$$

이다. 여기서, A는 두 유리관의 단면적이고 m_a와 m_w는 각각 유리관 X, Y내의 액체 기둥의
질량이다. 그리고 힘 $p_a A$와 $p_w A$는 각각 액체 기둥의 밑면(비커의 수면과 나란한 높이의 면)

아래 액체에 의해 위쪽으로 가해지는 압력 p_a와 p_w에 의한 힘이다. 그런데, 두 압력 p_a와 p_w는 식 (4)에 의하면 액체의 깊이가 $h=0$인 즉, 수면에서의 압력이다. 그러므로 **두 압력은 각각 대기압 p_{atm}와 같고, 또 서로 같다.** 즉,

$$p_a = p_w = p_{atm} + \rho g h|_{h=0} = p_{atm} \tag{7}$$

이다. 한편, 액체 기둥의 질량을 식 (2)와 같이 밀도로 표현하면

$$m_a = \rho_a A h_a \tag{8}$$

$$m_w = \rho_w A h_w \tag{9}$$

이 되는데, 이를 식 (5)와 (6)에 대입하고, 이어 식 (7)의 항등 결과에 대입하여 정리하면

$$p_a = p_w = p_{atm} \Rightarrow p + m_a g/A = p + m_w g/A = p_{atm}$$

$$p + \rho_a g h_a = p + \rho_w g h_w = p_{atm} \tag{10}$$

가 된다. 위 식 (10)의 항등관계를 이용하여도 바로 액체의 밀도($\rho_a = (h_w/h_a)\rho_w$)[2]를 알아낼 수 있지만, 실제 실험에서는 액체 기둥의 높이 측정을 쉽고 정확하게 측정하기 위해서 **다른 실험식을 사용한다.** 이는 다음과 같은 과정을 통해 얻을 수 있다.

이상에서 액체 기둥이 각각 높이 h_a와 h_w에서 정정 평형상태를 이루고 있는 상태에서 피펫 필러로 유리관에 공기를 조금 넣어주면, 유리관 내의 공기압은 이전보다 높아지게 되어 액체 기둥의 높이는 조금 낮아지게 되고 액체 기둥은 또 다시 정적 평형상태가 된다. 이때의 유리관 내부의 공기압을 p', 액체 기둥의 높이를 각각 $h_a{}'$, $h_w{}'$이라고 하면, 식 (10)과 같이

$$p' + \rho_a g h_a{}' = p' + \rho_w g h_w{}' = p_{atm} \tag{11}$$

가 된다. 두 평형상태의 식 (10)과 (11)의 양변에 대해 다음과 같이 빼기를 수행한 후,

$$p + \rho_a g h_a = p + \rho_w g h_w = p_{atm}$$
$$-)\ \underline{p' + \rho_a g h_a{}' = p' + \rho_w g h_w{}' = p_{atm}}$$
$$(p-p') + \rho_a g(h_a - h_a{}') = (p-p') + \rho_w g(h_w - h_w{}') = 0 \tag{12}$$

이 식을 ρ_a에 관해 정리하면

$$\rho_a = \left(\frac{h_w - h_w{}'}{h_a - h_a{}'}\right)\rho_w \tag{13}$$

---

2) 액체 기둥의 높이 h_a와 h_w는 각각 비커의 수면으로부터 액체가 각 유리관을 따라 올라간 높이이다. 그런데, Hare 의 장치의 유리관에 부착된 눈금자로는 액체 기둥의 시작 값인 수면의 값을 읽기가 쉽지 않다. 그래서 이 액체 기둥의 시작 값을 전혀 측정할 필요가 없는 방법으로 식 (13)의 밀도 측정 방법을 사용하는 것이 더 좋다.

가 된다. 이 식 (13)을 이용하여 이미 ρ_w로 그 밀도를 알고 있는 액체를 하나의 시료로 사용하고 Hare의 장치를 이용하여 각 액체 기둥의 높이 변화를 측정하면, 밀도를 모르는 액체 시료의 밀도 ρ_a를 알아낼 수 있다.

4. 실험 기구

○ Hare의 장치 [그림 2와 3 참조]
  • 스탠드
  • U자형 유리관: 눈금자가 표시되어 있음.
  • 고무호스
  • 피펫필러: 공기펌프 역할, 주사기로 대체 가능
○ 비커 (2)
○ 액체 시료
  • 물: 증류수가 없다면 수돗물로 대체하여 사용
  • 에틸-알코올
  • 소주

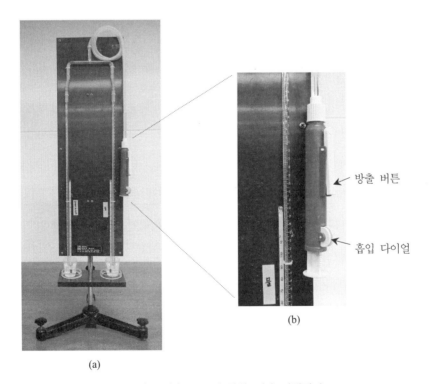

(a)   (b)

그림 3 (a) Hare의 장치, (b) 피펫필러

5. 실험 방법

[1] 에틸-알코올의 밀도 측정 [전 과정에서 그림 2와 3 참조]

(1) 이전 실험조가 사용한 액체 시료가 유리관 X, Y와 비커 C, D에 남아있다면 이를 제거한다.

    ★ 만일, 이전에 실험한 조가 유리관과 비커에 시료를 남겨 둔 상태에서, 새로 실험하는 조가 이 유리관과 비커에 이전 조와는 다른 시료를 담는다면, 실험하는 액체 시료는 혼합 시료가 되어 순순한 액체의 밀도를 측정할 수 없게 된다.

    ★ 유리관 내에 남아 있는 액체를 제거하기 위해서는 유리관 아래의 비커를 치워 둔 상태에서 피펫 필러를 이용하여 수차례 펌프질하면 된다.

(2) 비커 C와 D를 각각 유리관 X와 Y 밑의 선반에 올려놓는다. 그리고 Hare의 장치 뒷면에 있는 유리관 높이 조절 나사를 풀어 유리관 X, Y의 하단이 비커의 바닥에 가까우나 닿지 않을 정도의 높이가 되게 하고 고정시킨다.

(3) 비커 C에는 에틸-알코올을, 비커 D에는 물(정확한 실험을 위해서는 증류수를 사용하여야 하나 증류수가 없다면 수돗물로 대체하여 사용)을 각각 비커의 약 1/2~2/3 정도 채운다.

    ★ 액체 시료의 양은 유리관을 따라 올라가는 액체가 그 액체 기둥을 충분히 형성할 수 있을 정도면 된다.

(4) 유리관에 부착된 온도계를 이용하여 비커 C와 D의 에틸-알코올과 물의 온도를 측정하고, 이를 각각 T_a와 T_w로 기록한다.

(5) Hare의 장치 상단의 고무호스가 접히지 않게 잘 배치한다.

(6) (※ 이 과정을 수행하기 전에 먼저 그 내용을 충분히 숙지하기 바란다. 그렇지 않으면, 실험 결과도 나빠지고 실험 시간도 많이 소요된다.)

    피펫필러의 흡입 다이얼(그림 3 참조)을 돌려서 유리관 내의 공기를 빨아들여 액체 기둥을 만든다. 이때, 액체 기둥의 높이는 유리관에 표시된 <u>눈금자의 제일 상단 50 cm 눈금 정도에 이르게</u> 하면 된다.

    ★ 공기를 많이 빨아들이면 액체 기둥이 너무 많이 올라와서 유리관 양쪽의 액체가 서로 섞이게 된다. 만일, 이 상태로 실험하면 이후 과정에서 에틸-알코올과 물의 혼합액의 밀도를 측정하게 된다. 그러므로 두 액체가 섞이는 경우 반드시 비커 C와 D의 액체 시료는 모두 버리고 유리관 내부는 다시 건조시킨 후, 새 액체 시료로 다시 실험하여야 한다.

(7) 유리관 X, Y의 액체 기둥의 높이를 측정하여 각각 1회의 h_a, h_w라 하고 기록한다. 이때, 액체 기둥의 높이를 읽을 때는 눈과 액체의 표면이 수평이 되어야 한다. 그리고 액체 표면이 볼록하면 볼록한 곳을, 오목하면 오목한 곳을 높이로 읽는다.

(8) 피펫필러의 흡입 다이얼을 <u>아주 조금</u> 돌리는 방법으로 유리관에 공기를 넣어 액체 기둥

을 조금 내려가게 한 후, 이때의 유리관 X와 Y의 액체기둥의 높이를 측정하여 각각 2회의 h_a, h_w라 하고 기록한다. 이어 6회에 걸쳐 더 액체 기둥을 낮춰가며 이때의 액체 기둥의 높이를 측정하고 기록한다. 그런데, 이 중에서 1~4회의 측정값은 h_a, h_w라 하고, 5~8회의 측정값은 $h_a{}'$, $h_w{}'$라 하고 기록한다.

★ 과정 (7)과 (8)의 액체 기둥의 높이 측정 횟수는 총 8회가 되는 셈이다.

(9) 과정 (4)에서 측정한 온도에 해당하는 물의 밀도를 찾아 ρ_w라 하고 기록한다.

★ 이 표의 물의 밀도는 증류수의 밀도이다. 물론, 수돗물과 증류수의 밀도는 같지 않다. 하지만, 그 차이는 매우 작을 것이므로 수돗물의 밀도로 증류수의 밀도를 사용해도 무방하다.

* 온도에 따른 물의 밀도 *

단위: g/cm^3

온도(°C)	0	1	2	3	4	5	6	7	8	9
0	0.99987	0.99993	0.99997	0.99999	1.00000	0.99999	0.99997	0.99993	0.99988	0.99981
10	0.99973	0.99963	0.99952	0.99940	0.99927	0.99913	0.99897	0.99880	0.99862	0.99843
20	0.99823	0.99802	0.99780	0.99757	0.99733	0.99707	0.99681	0.99654	0.99626	0.99597
30	0.99568	0.99537	0.99505	0.99473	0.99440	0.99406	0.99371	0.99336	0.99299	0.99262

★ 가로의 10의 자리와 세로의 1의 자리가 일치하는 값을 그 온도이 물의 밀도로 읽는다. 예를 들어, 25°C에서의 밀도는 0.99707 g/cm^3이다.

(10) 식 (13)을 이용하여 에틸–알코올의 밀도 ρ_a를 구한다. 액체 기둥의 높이 계산은 과정 (7)과 (8)의 액체 기둥의 높이 측정값 중 각각 1회에서 5회, 2회에서 6회, 3회에서 7회, 4회에서 8회를 빼는 방식으로 하여 계산한다.

$$\rho_a = \left(\frac{h_w - h_w{}'}{h_a - h_a{}'} \right) \rho_w \quad \left(\text{예: } \rho_a = \left(\frac{h_w(1회) - h_w{}'(5회)}{h_a(1회) - h_a{}'(5회)} \right) \rho_w \right) \tag{13}$$

(11) 에틸–알코올 병에 기재된 밀도 값을 참값 ρ_a(참값)로 하여, 과정 (10)의 측정값 ρ_a와 비교하여 보아라.

★ 과정 (4)를 통해 에틸–알코올의 온도는 측정하였지만, 에틸–알코올의 온도에 따른 밀도 값은 해당 자료가 없어 측정된 온도에서의 에틸–알코올의 밀도는 알 수 없다. 그러나 에틸–알코올 병에 기재된 밀도 값이 20°C에서의 밀도인데, 실제 실험실의 평상 온도가 20°C 근방인 점을 감안하면, 약간의 차이에도 불구하고 측정 온도에 상관없이 에틸–알코올 제조사가 제공하는 20°C에서의 밀도를 실험 온도에서의 에틸–알코올의 밀도로 하여도 무방할 것이다.

★ 에틸–알코올 병에 기재된 사항을 보면 주어진 에틸–알코올의 순도는 100%가 아님을 알 수 있다. 그러므로 실험에서 측정한 에틸–알코올의 밀도는 순수한 에틸–알코올의 밀도(0.789 g/cm^3)와는 조금은 차이가 있다는 것을 주지하여야 한다.

(12) 과정 (4)~(11)을 수행하여 에틸−알코올의 밀도를 1회 더 측정한다.

[2] 소주의 알코올 도수 측정 [전 과정에서 그림 2와 3 참조]

(1) 실험의 의미

이 실험은 소주의 알코올 함유량에 따라 그 밀도가 달라질 것이라는 것에 착안한 것으로, 시중에서 판매되는 소주의 밀도를 측정하고 이 측정값으로부터 소주의 알코올 함유량 즉, 소주의 알코올 도수를 알아내는 실험이다. 만일, 실험을 통해서 알아낸 소주의 알코올 도수의 측정값과 소주병에 기재된 실제 알코올 도수가 거의 일치한다면, 이는 소주의 밀도 측정이 정확했다는 것을 반증하는 것이 된다.

(2) 소주(燒酒)란 무엇인가?

소주에는 증류식(蒸溜式) 소주와 희석식(稀釋式) 소주의 두 가지 종류가 있다. 이중 증류식 소주는 누룩으로 발효한 술을 증류하여 만드는 술로서, '문배주', '안동소주', '이강주', '진도홍주', '화요' 등이 시중에 유통되는 대표적인 증류식 소주이다. 한편, 희석식 소주는 고구마나 당밀을 발효한 것을 순도 95% 이상의 에틸−알코올(에탄올)로 정제하여 물에 희석한 다음 설탕및 액상과당 또는 결정과당의 감미료를 넣어서 만든 술이다. 시중에 널리 유통되는 '참이슬'과 '처음처럼'은 대표적인 희석식 소주다. 원래 소주는 증류식 소주를 일컫는 말이었으나, 20세기 중반에 희석식 소주가 증류식 소주를 대체하면서 두 가지 종류의 술을 모두 일컫는 말이 되어버렸다. 하지만, 오늘날 소주라고 하면 보통은 값이 싸고 대중화된 희석식 소주를 말한다. 역사적으로는 1965년 정부는 곡물의 부족을 해소하기 위하여 양곡관리법을 시행하여 증류식 소주의 제조와 판매를 금했다. 이로 인하여 희석식 소주가 대중화되게 되었고 그것이 지금에까지 이르게 되었다.

(3) 실험 방법

주의를 요합니다. 전 실험자가 실수로 소주병에 에틸−알코올을 담아 놓을 수도 있고, 실험 중에 소주와 에틸−알코올이 혼합되는 경우도 있으니 장난삼아서라도 소주를 마셔서는 안 된다. 특히, 개봉된 소주의 경우는 더욱 안 된다. 가끔은 에틸−알코올 대신 메틸−알코올을 액체시료로 사용하는 경우도 있는데, **이 메틸−알코올을 음용하면 실명 등의 치명적 사고가 발생한다.** 그러니, 절대로 시료를 음용해서는 안 된다.

① 밀도를 알고 있는 액체 시료로 물을 사용하고 밀도를 모르는 시료로 소주를 사용하여, 앞선 실험한 '[1] 에틸−알코올의 밀도 측정'과 동일한 과정을 수행하여 소주의 밀도를 측정한다. 단, 소주의 액체 기둥을 만들 유리관과 비커는 앞선 실험에서 에틸−알코올의 액체 기둥을 만들었던 유리관 X와 비커 C를 사용한다. 그리고 실험 전에 유리관과 비커에 남아있을지 모를 에틸−알코올은 반드시 충분히 제거한 후 실험한다.

★ 소주의 밀도는 에틸-알코올과는 달리 물의 밀도와 그 차이가 작아 정밀한 실험을 하지 않은 경우 알코올 도수 환산값이 큰 오차를 보이게 된다. 그러므로 이전의 에틸-알코올 실험보다도 훨씬 집중하여 액체 기둥의 눈금 값을 읽어야 한다.

② 소주의 제조에 관한 규정을 담은 국세청의 '주류 분석 규정'에서 제시한 다음의 알코올 도수와 밀도 환산표를 이용하여 소주의 알코올 도수를 알아낸다.

★ 환산표에서 제시한 온도는 15℃인데, 실험 온도가 이와 다른 경우 오차 논의로 그 차이를 해석한다.

* 소주의 알코올 도수와 밀도 환산표 (15℃) *

밀도의 단위: g/cm^3

도수	밀도	도수	밀도	도수	밀도
0.0	1.0000	21.0	0.9753	42.0	0.9491
1.0	0.9985	22.0	0.9742	43.0	0.9474
2.0	0.9970	23.0	0.9732	44.0	0.9457
3.0	0.9956	24.0	0.9721	45.0	0.9440
4.0	0.9942	25.0	0.9711	46.0	0.9422
5.0	0.9929	26.0	0.9700	47.0	0.9404
6.0	0.9916	27.0	0.9690	48.0	0.9386
7.0	0.9903	28.0	0.9679	49.0	0.9367
8.0	0.9891	29.0	0.9668	50.0	0.9348
9.0	0.9878	30.0	0.9657		
10.0	0.9867	31.0	0.9645	90.0	0.8346
11.0	0.9855	32.0	0.9633	91.0	0.8312
12.0	0.9844	33.0	0.9621	92.0	0.8728
13.0	0.9833	34.0	0.9608	93.0	0.8242
14.0	0.9822	35.0	0.9594	94.0	0.8206
15.0	0.9812	36.0	0.9581	95.0	0.8168
16.0	0.9802	37.0	0.9567	96.0	0.8128
17.0	0.9792	38.0	0.9553	97.0	0.8086
18.0	0.9782	39.0	0.9538	98.0	0.8042
19.0	0.9773	40.0	0.9523	99.0	0.7796
20.0	0.9763	41.0	0.9507	100.0	0.7947

③ 소주의 알코올 도수 측정값과 소주병에 기재된 실제 알코올 도수를 비교하여 본다.

6. 실험 전 학습에 대한 질문

실험 제목	액체의 밀도 측정			실험일시	
학과 (요일/교시)		조		보고서 작성자 이름	

* 다음의 물음에 대하여 괄호 넣기나 번호를 써서, 또는 간단히 기술하는 방법으로 답하여라.

1. 다음의 이상적인 액체에 대한 설명에서 괄호에 적당한 말은 무엇일까? (   )

> 용기 속에서 액체가 아무런 흐름 없이 정지해 있다면 액체의 모든 부분은 정적 평형상
> 태에 있어야 한다. 이는 액체 내의 같은 깊이에 있는 모든 점에서의 (   )은 동일해야
> 함을 말해 준다.

① 압력　　　　　② 온도　　　　　③ 에너지　　　　　④ 운동량

2. 용기 내의 액체가 정적 평형상태에 있다. 이 액체의 표면으로부터 깊이가 h 인 지점의 압력
p 는 어떻게 나타내어질까? 단, 대기압은 p_{atm} 이고, 액체의 밀도는 ρ , 중력가속도는 g 라 한
다. (   )

① $p = p_{atm} + \dfrac{\rho g}{h}$ 　② $p = p_{atm} + \rho g h$ 　③ $p = p_{atm} + \dfrac{gh}{\rho}$ 　④ $p = p_{atm} + \dfrac{h}{\rho g}$

3. 우리의 실험에서 사용하는 액체의 밀도 측정 장치로, 도립(倒立) U자형 유리관과 이 유리관
으로부터 공기를 뽑아내거나 주입할 수 있는 고무호스와 피펫필러(공기펌프 역할), 그리고
액체 시료를 담을 수 있는 비커로 구성된 이 장치의 이름은? (   )

4. 다음 중 이 실험에서 사용하는 액체 시료가 아닌 것은? (   )
① 물　　　　　② 에틸-알코올　　　③ 소주　　　　　④ 맥주

5. 이 실험의 목적을 써 보아라.
Ans: _____

_____

6. 다음의 그림은 액체의 밀도를 측정하는 Hare의 장치를 나타낸 것이다. 두 비커 C와 D에는 각각 밀도가 ρ_a와 ρ_w인 액체가 담겨 있다. 피펫필러 K를 이용하여 고무호스 H를 통해 유리관 내의 공기를 뽑아내면, 두 액체는 각각 유리관 X, Y를 따라 올라가 유리관 내에 서로 다른 높이의 액체 기둥을 형성한다. 이때, 액체 기둥의 높이는 각각 h_a와 h_w이었다고 하자. 그리고 유리관 내의 공기압은 p, 외부의 대기압은 p_{atm}라고 하자. 두 액체 기둥의 수면 높이에서의 압력에 관한 다음의 항등 관계를 완성하여라.

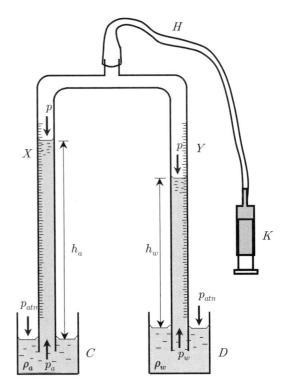

$$p + (\qquad) = (\qquad) + \rho_w g h_w$$
$$= p_{atm}$$

7. '6번 문제'의 그림과 같이 왼쪽 액체 기둥이 오른쪽 액체 기둥보다 더 높이 형성되었다면, 이 경우 두 비커 C와 D에 담긴 액체 중 어느 비커에 담긴 액체의 밀도가 더 작을까?

$(\qquad)$

① 비커 C ② 비커 D

8. '6번 문제'의 상황에서 유리관 내에 공기를 조금 넣어 주면, 유리관 내의 공기압은 높아지고 액체 기둥은 조금 내려간다. 이때의 유리관 내의 공기압을 p'이라고 하고, 액체 기둥의 높이를 각각 $h_a{}'$, $h_w{}'$이라고 하자. 이 높이 측정값과 6번 문제의 높이 측정값 h_a, h_w, 그리고 비커 D의 액체의 밀도 ρ_w를 이용하여 비커 C의 액체 시료의 밀도 ρ_a를 구하는 식을 써 보아라.

$$\rho_a = \left(\frac{(\qquad) - h_w{}'}{h_a - (\qquad)} \right) \rho_w$$

7. 결과

실험 제목	액체의 밀도 측정		실험일시	
학과 (요일/교시)		조	보고서 작성자 이름	

[1] 실험값

(1) 에틸-알코올의 밀도 측정

① 1회

○ 액체 시료의 온도

시료 이름	에틸-알코올		물	
온도	(T_a)	°C	(T_w)	°C

○ 측정된 온도에서의 물의 밀도: $\rho_w =$ g/cm^3

○ 액체 기둥의 높이 측정값 및 에틸-알코올의 밀도 계산

에틸-알코올					물					밀도(g/cm^3)
회	h_a	회	$h_a{'}$	$h_a - h_a{'}$	회	h_w	회	$h_w{'}$	$h_w - h_w{'}$	$\rho_a \left(= \left(\dfrac{h_w - h_w{'}}{h_a - h_a{'}} \right) \rho_w \right)$
1		5			1		5			
2		6			2		6			
3		7			3		7			
4		8			4		8			
								평균		

② 2회

○ 액체 시료의 온도

시료 이름	에틸-알코올		물	
온도	(T_a)	℃	(T_w)	℃

○ 측정된 온도에서의 물의 밀도: $\rho_w =$ g/cm^3

○ 액체 기둥의 높이 측정값 및 에틸−알코올의 밀도 계산

에틸-알코올					물					밀도(g/cm^3)
회	h_a	회	$h_a{}'$	$h_a - h_a{}'$	회	h_w	회	$h_w{}'$	$h_w - h_w{}'$	$\rho_a\left(=\left(\dfrac{h_w - h_w{}'}{h_a - h_a{}'}\right)\rho_w\right)$
1		5			1		5			
2		6			2		6			
3		7			3		7			
4		8			4		8			
									평균	

(2) 소주의 알코올 도수 측정

○ 액체 시료의 온도

시료 이름	소주		물	
온도	(T_s)	℃	(T_w)	℃

○ 측정된 온도에서의 물의 밀도: $\rho_w =$ g/cm^3

○ 액체 기둥의 높이 측정값 및 소주의 밀도 계산

소주					물					밀도(g/cm³)
회	h_s	회	$h_s{}'$	$h_s - h_s{}'$	회	h_w	회	$h_w{}'$	$h_w - h_w{}'$	$\rho_s \left(= \left(\dfrac{h_w - h_w{}'}{h_s - h_s{}'} \right) \rho_w \right)$
1		5			1		5			
2		6			2		6			
3		7			3		7			
4		8			4		8			
								평균		

○ 소주의 알코올 도수 측정값:　　　　　%

○ 소주병에 기재된 알코올 도수:　　　　　%

[2] 결과 분석

[3] 오차 논의 및 검토

[4] 결론

글라이더의 가속도 측정

1. 실험 목적

뉴턴(Newton)의 운동 제 2법칙($F = ma$)을 이해한다.

2. 실험 개요

질량이 m인 글라이더와 질량이 M인 추의 두 물체를 실로 연결하여 이 중 질량 m의 글라이더는 수평하게 놓은 무마찰 에어트랙(air track) 위에 올려놓고, 질량 M의 추는 에어트랙의 끝에 부착된 도르래에 걸쳐 공간에 매달리게 하여 놓는다. 그러면, 이 두 물체와 실로 이루어진 계에는 중력, 장력, 수직항력의 힘이 작용하는 데, 이 힘들 중에서 질량 M의 추에 작용하는 중력만이 알짜 힘으로 작용하여 두 물체는 등가속도 운동을 하게 된다. 이때, 두 물체의 가속도를 포토게이트 타이머 시스템으로 측정하여 실험값으로 삼고, 한편으로는 뉴턴(Newton)의 운동 제 2법칙($F = ma$)을 적용하여 이론적으로 구한 두 물체의 가속도를 이론값으로 삼아 두 값을 비교하여 그 일치를 확인한다. 이어, 추의 질량 M을 증가시켜 계에 작용하는 알짜 힘을 증가시켜서 실험하고, 글라이더의 질량 m을 증가시켜 계의 관성을 증가시켜서도 실험하여 두 물체의 가속도가 계에 작용하는 알짜 힘에 비례하고 계의 관성에 반비례함을 확인한다. 이러한 실험 결과로부터 글라이더의 운동이 뉴턴의 운동 제 2법칙을 따름을 확인한다.

3. 기본 원리

[1] 뉴턴(Newton)의 운동 제 2법칙

그림 1과 같이 정지해 있는 질량 m_1과 m_2의 두 물체에 각각 F_1과 F_2의 힘을 가한다고 하자. 그러면, 두 물체는 속도가 점점 빨라지는 운동을 하게 된다. 즉 가속 운동을 한다. 그런데, 이때, 어느 물체의 가속도가 더 클까? 달리말해, 물체의 가속도(a)는 각각 물체의 질량(m)과

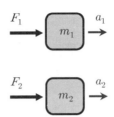

그림 1 물체에 힘을 가하면 물체는 가속 운동을 한다.

물체에 작용하는 힘(F)과는 어떠한 상관관계에 있을까? 이러한 의문에 대해 다음과 같이 질량, 힘, 가속도의 세 물리량 중 각각 한 가지 양을 일정하게 둔 상태에서 다른 두 양이 어떠한 관계를 갖는지를 알아보고, 이를 정리하여 세 물리량 간의 상관관계를 이끌어 내 보도록 하자.

- 질량이 일정할 때: 물체에 작용하는 힘이 클수록 물체는 더 큰 가속도를 갖는다. 즉, 물체의 가속도는 작용하는 힘에 비례한다. ($a \propto F$)

- 가속도가 일정할 때: 두 물체가 동일한 가속도를 갖기 위해서는 질량이 큰 물체에 더 큰 힘을 가해 줘야만 한다. ($F \propto m$)

- 힘이 일정할 때: 질량이 큰 물체일수록 작은 가속도를 갖는다. 즉, 물체의 가속도와 질량은 반비례 관계를 갖는나. ($a \propto \dfrac{1}{m}$)

이상의 질량과 힘, 그리고 가속도의 상관관계로부터 '어떤 물체에 힘을 가하면 그 물체는 가속도를 갖게 되며, 그 크기는 가한 힘에 비례하고 물체의 질량에 반비례 한다.'는 결론을 도출할 수 있다. 즉,

$$a \propto \frac{F}{m} \quad \text{또는,} \quad F \propto ma \tag{1}$$

이다. 이 식 (1)의 비례관계는 비례상수 k를 써서 다음과 같이

$$F = kma \tag{2}$$

의 항등식으로 나타낼 수 있다. 그런데, SI(국제단위계) 단위로 $1\,\mathrm{kg}$ 의 물체에 $1\,\mathrm{m/s^2}$ 의 가속도를 생기게 하는 힘을 $1\,\mathrm{N}$ (Newton(뉴턴), $\equiv 1\,\mathrm{kg \cdot m/s^2}$)으로 정의하므로, $k=1$ 이 되고

$$F = ma \tag{3}$$

가 된다. 이 식 (3)을 뉴턴의 운동 제 2법칙이라고 한다. 한편, 힘의 단위는 그램(g)과 센티미터(cm)의 CGS 단위를 써서 dyne 으로 쓰기도 한다.

$$1\,\mathrm{dyne} = 1\,\mathrm{g \cdot cm/s^2}, \quad 1\,\mathrm{N} = 10^5\,\mathrm{dyne}.$$

그런데, 힘은 크기와 방향을 함께 갖는 벡터량이다. 그러므로 하나의 물체에 여러 개의 힘이

작용한다면, 이 물체에 작용하는 총(알짜) 힘은 작용하는 힘들의 벡터 합으로써 나타내야 한다. 이와 같은 경우 뉴턴의 운동 제 2법칙은

$$\sum \vec{F} = m\vec{a} \qquad\qquad (4)$$

으로 쓴다.

[2] 실로 연결되어 도르래에 걸쳐져 있는 두 물체의 운동

그림 2와 같이 질량이 m과 M인 두 물체를 실로 연결하여 탁자의 모서리에 위치한 도르래에 걸쳐 놓았다. 이 질량 m의 물체와 탁자 사이의 마찰은 없고 실의 질량은 무시할 정도로 작으며 늘거나 줄지 않는다고 할 때, 이제 이 두 물체의 운동을 뉴턴의 운동 제 2법칙을 적용하여 해석하여 보자.

그림 2에 자유물체도(free-body diagram)로 나타낸 것과 같이 탁자 위에 놓인 질량 m의 물체에는 중력, 수직항력, 장력이 작용하고, 공간에 매달려 있는 질량 M의 물체에는 중력과 장력이 작용한다. 이 힘들 중에서 장력은 질량 m과 M의 두 물체와 실로 이루어진 이 계에서 내력(內力)으로 작용하므로 알짜 힘에 기여하지 않는다. 그리고 질량 m의 물체에 작용하는 중력과 수직항력은 힘의 크기가 같고 방향이 반대를 이뤄 이 두 힘도 알짜 힘에 기여하지 않는다. **그러므로 이 계에 알짜 힘으로 기여하는 힘은 질량 M의 물체에 작용하는 중력 Mg뿐이다.** 한편, 질량 m과 M의 두 물체가 실에 의해 함께 운동하므로, 이 계의 총 관성은 두 물체의 질량의 합 $(m+M)$이 된다.(실의 질량은 무시할 수 있을 정도로 작다고 하였으므로 실의 질량은 없는 것으로 간주) 이상의 해석에 뉴턴의 운동 제 2법칙을 적용하면,

$$\sum \vec{F} = m\vec{a} \quad \Rightarrow \quad \sum F = Mg = (m+M)a \qquad\qquad (5)$$

이다. 그러므로 두 물체의 가속도는

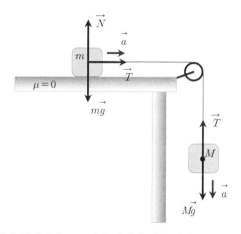

그림 2 실에 연결되어 도르래에 걸쳐져 있는 질량 m과 M의 두 물체는
질량 M의 물체에 작용하는 중력에 의해 등가속도 운동을 한다.

$$a = \left(\frac{M}{m + M}\right)g \tag{6}$$

이 된다. 이 가속도의 결과 식으로부터, 실로 연결되어 도르래에 걸쳐져 있는 두 물체는 등가
속도 운동을 하며, 질량 M이 커질수록 즉, 계에 작용하는 알짜 힘이 클수록 가속도가 커지며,
질량 $(m + M)$이 클수록 즉, 계의 관성이 클수록 가속도는 작아진다는 것을 알 수 있다.

4. 실험 기구

○ 직선 무마찰 실험 시스템
- 에어트랙(air track)
- 공기펌프
- 연결호스
- 액세서리
  - 글라이더
  - 플래그
  - 도르래
  - 글라이더에 꽂아 실을 다는 핀
○ 포토게이트 타이머 시스템
- 포토게이트 타이머
- 포토게이트 (2)
- 지지대(2)
○ 추 세트

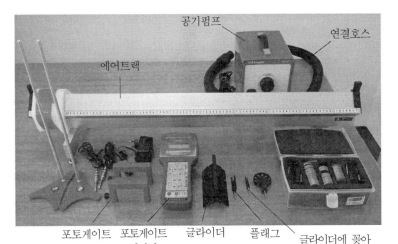

그림 3 실험 기구

5. 실험 방법

(1) 글라이더의 질량을 재어 m이라 하고 기록한다. [그림 3 참조]

(2) 연결호스로 에어트랙(air track)에 공기펌프를 연결한다.

(3) 에어트랙이 수평이 되게 한다.

   ① 그림 4와 같이 에어트랙의 한쪽 끝의 도르래를 부착시킬 부분이 실험테이블의 바깥으로 나오도록 실험테이블의 적당한 위치에 에어트랙을 배치한다.

   ② 에어트랙 위에 글라이더를 올려놓고 공기펌프의 전원을 켠 후, 송풍의 세기를 '중간 정도'에 맞춘다.

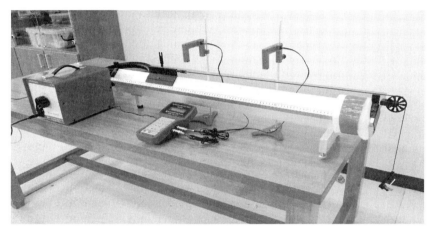

그림 4 실험 장치의 구성

③ 글라이더의 움직임을 관찰하며 에어트랙 받침의 높이 조절나사로 수평을 조절하여 <u>글라이더의 움직임이 생기지 않거나 아주 작게 한다.</u>

   ★ 글라이더의 움직임이 없으면 에어트랙은 수평하게 놓인 것이다. 하지만, 에어트랙에서 나온 공기가 글라이더의 양쪽 방향으로 똑같이 빠져 나가지 않고 한쪽 방향으로 더 빠져 나가면, 실제 에어 트랙은 수평 하더라도 글라이더는 조금 움직이게 된다. 그래서 글라이더의 움직임이 꽤 작은 상태가 되면 에어트랙은 수평해진 것으로 판단하는 게 옳다.

④ 수평 조절이 끝나면 공기펌프는 꺼둔다.

(4) 1 m 정도의 실로 '글라이더에 꽂아 실을 다는 핀'과 추걸이를 연결하고, 이 핀을 글라이더 앞쪽(양 옆에 난 구멍 중 운동할 방향의 구멍을 앞쪽이라고 칭함) <u>윗구멍에</u> 꽂아 둔다. [그림 4 참조]

(5) 에어트랙의 한쪽 끝에 위치한 도르래 장착 구멍 중 <u>아래쪽 구멍에</u> 도르래를 끼우고, 글라이더와 실로 연결한 추걸이를 도르래에 걸쳐 놓는다. [그림 4 참조]

   ★ 도르래 장착 구멍 중 아래쪽 구멍에 도르래를 끼우고, '글라이더에 꽂아 실을 다는 핀'을 글라이더 앞쪽 윗구멍에 꽂아야 글라이더에 연결된 에어트랙 위의 실이 수평하게 된다.

(6) 그림 5(a)와 같이 글라이더의 위쪽 구멍에 플래그를 꽂고, 그림 5(b)와 같이 플래그가 글라이더 또는 에어트랙과 정확히 1자(나란)가 되도록 조정한다.

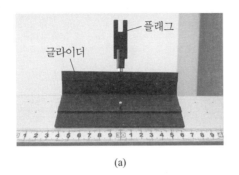

(a)

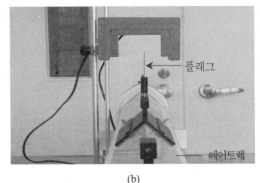

(b)

그림 5 (a) 글라이더에 플래그를 꽂고, (b) 플래그가 글라이더와 1자가 되게 조정한다.

(7) 두 개의 포토게이트를 그림 4와 같이 에어트랙 위의 적절한 위치에 적절한 간격으로 설치하고, 플래그의 ⊔ 모양의 홈이 그림 6의 (a), (b)와 같이 포토게이트의 발광다이오드와 광센서를 잇는 가상의 선상을 지나도록 포토게이트의 높이를 조절한다. 그리고 그림 7과 같이 포토게이트가 플래그와 수직하게 놓이도록 포토게이트의 설치 방향을 조정한다.

★ 에어트랙 위의 포토게이트들의 적절한 설치 위치(글라이더의 출발점에 가까이? 또는 멀리?)와 설치 간격(두 포토게이트 간의 거리를 가깝게? 또는 멀리?)에 대해 고민하여 보아라. 이상적인 실험 조건 하에서는 설치 위치와 간격이 가속도의 측정값에 아무런 영향을 미치지 않는다. 하지만, 실제 실험에서는 여러 가지 이유로 이 조건들이 가속도의 측정값에 어느 정도 영향을 미치기도 한다. 따라서 좋은 실험 결과를 얻기 위해서는 포토게이트들의 설치 위치와 간격의 적절한 선택에 대해 고민해 볼 필요가 있다.

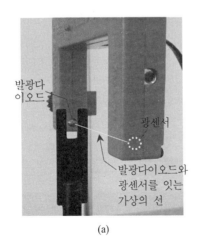

(a)

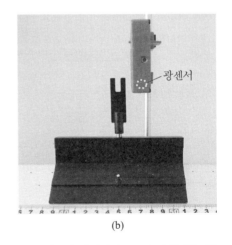

(b)

그림 6 (a), (b) 플래그의 ⊔ 모양의 홈이 포토게이트의 발광다이오드와 광센서를 잇는 가상의 선상을 지나도록 포토게이트의 높이를 조절한다.

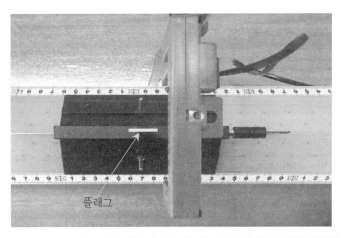

그림 7 포토게이트는 플래그와 수직하게 놓는다. 글라이더와 같은 검은 색깔의 플래그가
그림에서 잘 보이지 않아 플래그를 노란색 막대로 표시하였다.

(8) 연결잭으로 각각 포토게이트와 포토게이트 타이머를 연결한다. 이때, 두 개의 포토게이트 중 글라이더가 <u>첫 번째로 통과하는 포토게이트가 타이머의 **1번 단자**에 연결되어야</u> 한다.

(9) 포토게이트 타이머의 전원(타이머 왼쪽 옆면에 전원스위치 있음)을 켠다. 그리고 'MEAS-UREMENT' 버튼을 눌러 측정모드를 가속도인 'Accel→'에 두고, 'MODE' 버튼을 눌러 평균가속도를 측정하는 'Accel→Two Gates' 모드가 되게 한다.

★ 'Accel→Two Gates' 모드는 1 cm 길이의 플래그(이 포토게이트 타이머 시스템(Segye Photogate Timer System)은 포토게이트를 지나는 모든 물체를 그 길이에 상관없이 모두 1 cm 길이로 인식하도록 설계되어 있음)가 각각 두 포토게이트를 지나는 시간 t_1과 t_2를 측정하여 각 포토게이트를 지나는 순간속도 $v_1(=1\,\mathrm{cm}/t_1)$과 $v_2(=1\,\mathrm{cm}/t_2)$를 산출하고, 이어 두 포토게이트 사이를 운동하는 데 걸린 시간 Δt도 측정하여 글라이더의 평균가속도 $a_{ave}\left(=\dfrac{v_2-v_1}{\Delta t}\right)$를 측정해 준다.

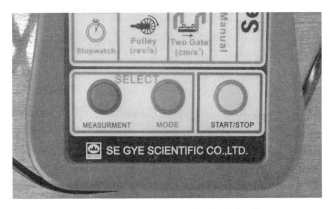

그림 8 포토게이트 타이머의 3개의 버튼

(10) 적당량의 추를 선택하고 이 추(추걸이 포함)의 질량을 재어 M이라 하고 기록한다. 그리고 이 추를 추걸이에 단다.

★적당량의 추의 선택 기준은 따로 없다. 단지 측정하고자 하는 가속도의 크기를 고려하여 실험자가 임의로 선택하면 된다. 그런데, 이상적인 실험 조건하에서는 이 추의 질량의 크기 여부가 실험 결과에 아무런 영향을 미치지 않는다. 하지만, 우리의 실험 중에서는 공기 저항, 트랙과 글라이더 간의 약한 마찰, 실의 질량 등의 여러 이상적이지 않은 여건들이 실험 결과에 약간의 영향을 미치기도 한다. 그러므로 더 좋은 실험 결과를 얻기 위해서는 이 적당량의 추의 선택에 대해서 고민해 보는 것도 좋겠다.

(11) 공기펌프를 켜고 송풍의 세기를 '중간 정도'에 맞춘다.

★공기펌프의 송풍의 세기를 너무 약하게 하면 글라이더가 에어트랙 위에서 뜨지 않게 되고, 또 너무 세게 하면 그 소음이 무척 커져 실험 환경이 좋지 않아진다. 그래서 이런 점을 감안하여 송풍의 적당한 세기를 '중간 정도'로 제안한 것이다. 이에, 실험자는 '중간 정도'라는 값에 너무 연연해하지 말고 펌프의 상태나 실험 조건(글라이더에 질량이 추가되는 것)에 맞춰 적당한 송풍의 세기로 실험하면 된다.

(12) 글라이더를 에어트랙의 한쪽(실을 얹은 도르래의 반대편) 끝으로 이동시켜 첫 번째로 지날 포토게이트 앞에 적당한 거리를 두고 위치하게 하고, 글라이더가 움직이지 않게 잡고 있도록 한다. [그림 4 참조]

(13) 포토게이트 타이머의 'START/STOP' 버튼을 눌러 포토게이트 타이머를 측정 내기 상태에 둔다. LCD 표시창에 '!'의 문자가 나타나면 타이머는 측정 대기 상태에 있게 된다.

★측정 후 재측정을 위해서는 'START/STOP'을 눌러 다시 '!' 문자가 나오게 하면 된다.

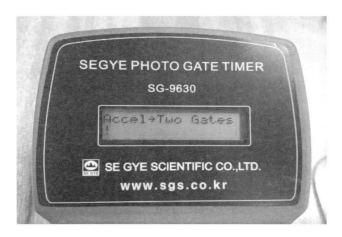

그림 9 포토게이트 타이머의 'START/STOP' 버튼을 눌러 LCD 표시창에 '!'의 문자가 나타나면 타이머는 측정 대기 상태에 있게 된다.

(14) 잡고 있던 글라이더를 살며시 놓아 운동시키며 글라이더의 가속도를 측정한다. 이때, 포토게이트 타이머의 LCD 표시창에 표시되는 평균가속도의 측정값을 $a_{(실험)}$이라 하고 기록한다.

★ 포토게이트 타이머가 측정하는 가속도의 단위는 cm/s^2 이다.

(15) 글라이더의 질량 m과 추(추걸이 포함)의 질량 M을 식 (6)에 대입하여 글라이더의 가속도의 이론값

$$a_{(이론)} = \left(\frac{M}{m+M}\right)g \tag{6}$$

을 구한다. 여기서, $g = 980\ cm/s^2$으로 한다.

(16) 과정 (14)의 가속도의 측정값 $a_{(실험)}$을 (15)의 이론값 $a_{(이론)}$과 비교하여 그 일치 여부를 논하여 본다.

(17) 과정 (12)~(16)을 4회 더 수행한다.

★ 매 실험마다 플래그는 글라이더와 1자(나란)로 되어 있는지, 포토게이트는 플래그에 수직하게 놓여 있는지를 점검한다.

(18) 글라이더의 질량은 변화시키지 않고 추걸이에 매단 추의 질량만을 두 단계로 변화시켜 가며 이상의 실험을 한다. 그리고 실험 결과로부터 추(추걸이 포함)의 질량 M의 변화가 글라이더의 가속도에 어떠한 영향을 미치는지를 논하여 본다.

★ 이 과정은 계에 작용하는 알짜 힘의 변화가 계의 가속도에 어떠한 영향을 미치는지를 알아보기 위한 실험이다.

(19) 과정 (18)에서 추걸이에 추가한 질량은 제거하여 처음 상태로 두거나 아니면, 질량 변화 1, 2단계 중 어느 한 상태와 똑같이 두고, 이번에는 글라이더의 양면에 돌출되어 있는 핀에 적당한 양의 추를 얹어 글라이더의 질량 m만을 변화시켜가며 이상의 실험을 한다. 그리고 실험 결과로부터 글라이더의 질량 m의 변화가 글라이더의 가속도에 어떠한 영향을 미치는지를 논하여 본다.

★ 이 과정은 계에 관성의 변화가 계의 가속도에 어떠한 영향을 미치는지를 알아보기 위한 실험이다.

★ 이 실험에서는 글라이더에 얹는 추의 질량에 따라 공기펌프의 송풍의 세기를 '중간 세기'보다 조금 크게 하여 주는 것도 좋다. 글라이더의 무게가 커진데 반해 송풍의 세기가 충분하지 못한 경우 에어트랙과 글라이더 간에 마찰이 발생할 수도 있기 때문이다.

(20) 과정 (16)과 (17), 그리고 (18), (19)의 실험 결과로부터 글라이더의 운동이 뉴턴의 운동 제 2법칙을 따름을 확인한다.

6. 실험 전 학습에 대한 질문

실험 제목	글라이더의 가속도 측정		실험일시	
학과 (요일/교시)		조	보고서 작성자 이름	

* 다음의 물음에 대하여 괄호 넣기나 번호를 써서, 또는 간단히 기술하는 방법으로 답하여라.

1. 질량(m)과 힘(F), 가속도(a)의 상관관계로부터, '물체에 힘을 가하면 그 물체는 가속도를 갖게 되며, 그 크기는 가한 힘에 (　　　)하고 물체의 질량에 (　　　) 한다.'는 결론을 도출할 수 있다. 이를 뉴턴의 운동 제 (　　　)법칙이라고 한다.

2. 다음 중 힘의 단위가 아닌 것은? (　　　)
   ① N ② kg · m/s^2 ③ dyne
   ④ g · cm/s^2 ⑤ J/s

3. 힘은 크기와 방향을 동시에 기술해야 하는 (　　　)량이다.

4. 그림과 같이 질량이 m과 M인 두 물체를 실로 연결하여 탁자의 모서리에 위치한 도르래에 걸쳐 놓았다. 질량 m의 물체와 탁자 사이에는 마찰이 없다고 할 때, 질량 m의 물체에는 어떤 힘들이 작용하는가? 그 이름을 써라. (　　　　　　　　　　)

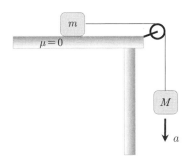

5. 문제 4의 그림의 상황에서 두 물체는 등가속도 운동을 한다. 이 물체들의 가속도 a 를 구하여라. 단, 중력가속도는 g 라 한다.

$$a =$$

6. 에어트랙(air track)의 한쪽 끝에는 도르래를 장착할 수 있는 구멍이 두 개 있다. 이 중 어느 구멍에 도르래를 장착하여 실험하는 것이 옳은가? (   )
　① 위쪽　　　　　　　　　　　　　　② 아래쪽

7. 다음 중 글라이더 위에 장착한 플래그가 포토게이트를 지나는 알맞은 높이(위치)는? (   )

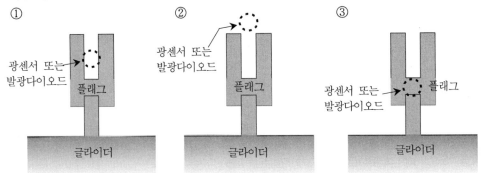

8. 이 실험에서 글라이더의 <u>평균가속도</u>를 측정하기 위한 포토게이트 타이머의 측정모드는?

　　　　Accel -> (   )

9. 포토게이트 타이머의 'START/STOP' 버튼을 눌러 타이머를 측정 대기 상태에 두게 하는데, 이 때 타이머의 LCD 표시창에 나타나는 문자는? (   )

10. 다음은 실험 과정 (8)의 내용이다.
　'연결잭으로 각각 포토게이트와 포토게이트 타이머를 연결한다. 이때, 두 개의 포토게이트 중 글라이더가 첫 번째로 통과하는 포토게이트가 타이머의 (   )번 단자에 연결되어야 한다.'

11. 포토게이트 타이머가 측정하는 가속도의 단위는? (   )
　① cm/s^2　　　　　　　　　　　② m/s^2

7. 결과

실험 제목	글라이더의 가속도 측정		실험일시	
학과 (요일/교시)		조	보고서 작성자 이름	

[1] 실험값

(1) 추(추걸이 포함)의 질량 M을 변화시켜가며 실험

O 글라이더의 질량, $m =$ _____ g

① 추(추걸이 포함)의 질량, $M =$ _____ g

회	$a_{(실험)}$	$a_{(이론)}$	$\dfrac{a_{(이론)} - a_{(실험)}}{a_{(이론)}} \times 100$
1			
2			
3			
4			
5			
평균			

② 추(추걸이 포함)의 질량, $M =$ _____ g

회	$a_{(실험)}$	$a_{(이론)}$	$\dfrac{a_{(이론)} - a_{(실험)}}{a_{(이론)}} \times 100$
1			
2			
3			
4			
5			
평균			

③ 추(추걸이 포함)의 질량, $M =$　　　　　g

회	$a_{(실험)}$	$a_{(이론)}$	$\dfrac{a_{(이론)} - a_{(실험)}}{a_{(이론)}} \times 100$
1			
2			
3			
4			
5			
평균			

(2) 글라이더의 질량 m을 변화시켜가며 실험

○ 추(추걸이 포함)의 질량, $M =$　　　　　g

① 글라이더의 질량, $m =$　　　　　g

회	$a_{(실험)}$	$a_{(이론)}$	$\dfrac{a_{(이론)} - a_{(실험)}}{a_{(이론)}} \times 100$
1			
2			
3			
4			
5			
평균			

② 글라이더의 질량, $m =$　　　　　g

회	$a_{(실험)}$	$a_{(이론)}$	$\dfrac{a_{(이론)} - a_{(실험)}}{a_{(이론)}} \times 100$
1			
2			
3			
4			
5			
평균			

③ 글라이더의 질량, $m =$ g

회	$a_{(실험)}$	$a_{(이론)}$	$\dfrac{a_{(이론)} - a_{(실험)}}{a_{(이론)}} \times 100$
1			
2			
3			
4			
5			
평균			

[2] 결과 분석

[3] 오차 논의 및 검토

[4] 결론

구심력 측정

1. 실험 목적

원운동을 일으키는 힘인 구심력을 이해한다.

2. 실험 개요

용수철의 한쪽 끝은 회전축에 두고 다른 쪽 끝은 실을 매개로 하여 3중추라는 물체를 연결하여 회전축에 대하여 등속원운동을 시킨다. 이러한 운동에서 3중추의 질량과 회전축으로부터 3중추까지의 거리, 회전 운동의 주기를 측정함으로써, 3중추의 원운동을 일으킨 힘인 구심력을 측정한다. 한편, 3중추의 회전 중에 용수철은 일정한 길이만큼 늘어난 상태에 있게 되고, 이로 인한 용수철의 복원력은 3중추를 회전의 중심, 즉 원운동의 중심 방향으로 계속해서 잡아당기는 역할을 함을 이해한다. 이러한 원운동의 관찰로부터 용수철의 탄성력이 바로 3중추의 원운동의 구심력으로 작용함을 이해한다. 용수철의 탄성력은 힘의 평형을 이용하여 질량추의 무게로 간접 측정하고, 이 용수철의 탄성력의 측정값을 이론값으로 삼아 앞서 회전 운동의 관측값(3중추의 질량과 회전축으로부터 3중추까지의 거리, 회전 운동의 주기)으로부터 측정한 구심력을 실험값으로 하여 두 값을 비교하고 일치함을 확인한다. 그리고 이 두 값의 일치로부터 회전 운동에서의 구심력의 정의식이 옳음을 확인하고 구심력의 의미를 바로 이해한다.

3. 기본 원리

[1] 구심력이란?

다음의 그림 1은 반지름이 r인 원궤도를 따라 일정한 속력 v로 운동하는 즉, 등속원운동 하는 물체의 운동을 나타낸 것이다.

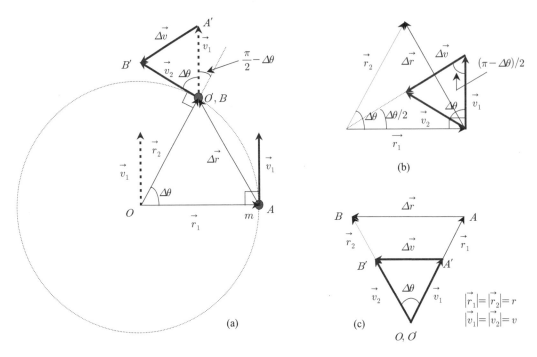

그림 1 (a) 질량이 m인 물체가 반지름 r의 원궤도를 따라 일정한 속력 v로 등속원운동 한다. (b) 가속도의 방향은 $\Delta\theta$의 이등분각($\Delta\theta/2$)이 되는 원의 중심을 향한다. (c) 위치 벡터 $\vec{r_1}$, $\vec{r_2}$를 각 변으로 하는 삼각형 OAB와 속도 벡터 $\vec{v_1}$, $\vec{v_2}$를 각 변으로 하는 삼각형 $O'A'B'$은 $\Delta\theta$의 각을 공유하는 닮은 꼴 이등변 삼각형이다.

그림 1(a)에서 물체가 임의의 시간 간격 Δt 동안 물체가 $\Delta\theta$만큼 회전하였다고 하면, 물체의 위치 변화(변위)는 $\Delta\vec{r} = \vec{r_2} - \vec{r_1}$ 이다. 원운동에서 물체의 속도벡터 $\vec{v}$는 항상 위치벡터 $\vec{r}$에 수직하므로, 각각의 위치 $\vec{r_1}$과 $\vec{r_2}$에 수직인 두 속도벡터 $\vec{v_1}$과 $\vec{v_2}$는 같은 시간 간격 Δt 동안 $\Delta\theta$만큼 회전한다. 그림 1(b)에서 $\Delta\vec{v}$의 방향은 $\Delta\vec{r}$의 방향과 수직을 이루며, 각 $\Delta\theta$의 이등분각($\Delta\theta/2$)이 되는 즉, 원의 중심을 향하는 방향임을 알 수 있다. 한편, 그림 1(a)에서 위치 벡터 $\vec{r_1}$과 $\vec{r_2}$를 각 변으로 하는 삼각형 OAB와 속도벡터 $\vec{v_1}$과 $\vec{v_2}$를 각 변으로 하는 삼각형 $O'A'B'$은 그림 1(c)에서 보인 바와 같이 닮은 꼴 이등변 삼각형이다. 따라서

$$|\Delta\vec{r}| : r = |\Delta\vec{v}| : v$$

$$\frac{|\Delta\vec{r}|}{r} = \frac{|\Delta\vec{v}|}{v} \tag{1}$$

이다. 이 식을 $|\Delta\vec{v}|$에 관해 정리하여

$$|\Delta \vec{v}| = \frac{v}{r}|\Delta \vec{r}| \tag{2}$$

으로 둔 후, 양변을 Δt로 나누고, $\lim\limits_{\Delta t \to 0}$를 취하면

$$\lim_{\Delta t \to 0} \frac{|\Delta \vec{v}|}{\Delta t} = \frac{v}{r} \lim_{\Delta t \to 0} \frac{|\Delta \vec{r}|}{\Delta t} \tag{3}$$

이 되는데, 이 식에 순간가속도의 정의

$$a = \lim_{\Delta t \to 0} \frac{|\Delta \vec{v}|}{\Delta t} \tag{4}$$

와 순간속도의 정의

$$v = \lim_{\Delta t \to 0} \frac{|\Delta \vec{r}|}{\Delta t} \tag{5}$$

을 대입하여 정리하면

$$a = \frac{v^2}{r} \tag{6}$$

의 등속원운동을 하는 물체의 가속도에 관한 정의식을 얻게 된다. 특별히, 이 가속도는 그림 1(b)에서 보여 준 바와 같이 원의 중심을 향하는 방향을 갖는다. 그래서 이 가속도를 **구심가속도**(centripetal acceleration)라고 하며, 벡터를 이용하여 구심가속도를 나타내면

$$\vec{a_c} = -\frac{v^2}{r}\hat{r} \tag{7}$$

이다. 여기서 아래첨자 c는 centripetal(구심의)의 약자이며, $\hat{r}$은 반지름 방향의 단위 벡터이다. 한편, 뉴턴의 운동 제 2법칙($\vec{F} = m\vec{a}$)에 따라 등속원운동 하는 질량 m의 물체에 작용하는 힘은

$$\vec{F_c} = m\vec{a_c} = -m\frac{v^2}{r}\hat{r} \tag{8}$$

이다. 이와 같이 구심가속도를 갖게 하는 힘을 **구심력**(centripetal force)이라고 한다.

이상에서 논의한 구심력에서 '구심'이란 용어는 단지 힘의 방향을 나타낼 뿐이다. 즉, 이 말은 힘의 본질이나 원인에 대하여는 아무것도 알려 주는 게 없다. 만일, 마찰이 없는 수평면 위에서 물체에 줄을 달아 원운동을 시킨다면, 이때의 원운동을 일으키는, 즉 구심가속도를 갖게 하는 힘은 줄의 장력이다. 마찰이 있는 수평면(예로, 운동장)에서 원을 그리며 걷는다면 이때의 구심력은 마찰력이다. 또한, 태양 주위를 원운동 (실제는 타원궤도 운동)하는 지구에 작용하는 구심력은 만유인력이다. 이 밖에도, 구심력은 용수철의 탄성력(우리의 실험에 해당), 전기력, 자기력 등의 힘에 의한 결과일 수도 있다. 또한, 이러한 힘들 몇 개가 함께 작용하여 합력으로 나타나는 힘의 결과일 수도 있다. 이렇듯, 구심력은 힘의 원인이 아니라 결과이다.

[2] 구심력 측정 장치를 이용한 구심력 측정(우리가 사용하는 실험 장치와 동일)

다음의 그림 2(b)는 용수철에 매달린 질량 m의 물체가 반지름 r의 등속원운동을 하는 것을 묘사한 것이다. 이와 같은 운동에서 구심력은 어떻게 측정할 수 있을까? 그림 2에 묘사한 장치를 이용하여 그 측정 방법을 논의해 보자.

그림 2(a)에서 묘사한 구심력 측정 장치는 평평한 막대를 회전 장치 위에 올려놓고, 이 막대 위에 수직하게 두 개의 기둥을 세운 후, 기둥 하나에는 용수철과 도르래를 설치하고 다른 기둥에는 실을 이용하여 질량 m의 물체를 매달아 둔 상태에서 물체의 다른 쪽을 용수철과 실로 연결한 장치이다. 그리고 이 장치는 연직으로 놓인 용수철을 매단 기둥을 회전축으로 하여 임의의 속력으로 회전할 수 있다. 이제 이 장치를 서서히 회전시켜보자. 그러면 회전 속력이 증가하면서 용수철은 점점 늘어나고, 이에 따라 질량 m의 물체의 위치는 회전축(용수철이 매달린 위치)으로부터 바깥쪽으로 점점 멀어지게 될 것이다. 이때, 일정한 접선속력 v로 회전을 유지시키면 물체는 일정한 회전반경을 유지하며 원운동을 하게 된다. 만일, 이 원운동의 반경이

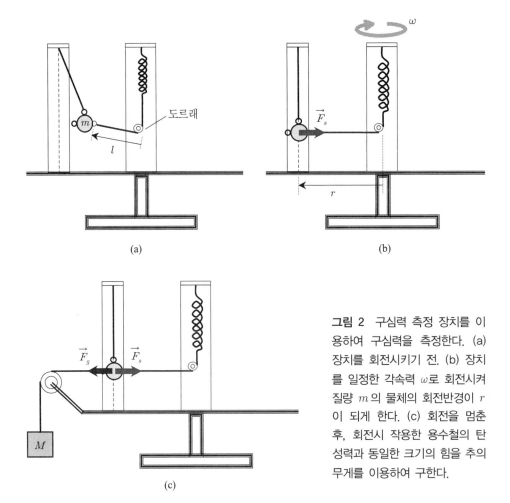

(a)

(b)

(c)

그림 2 구심력 측정 장치를 이용하여 구심력을 측정한다. (a) 장치를 회전시키기 전. (b) 장치를 일정한 각속력 ω로 회전시켜 질량 m의 물체의 회전반경이 r이 되게 한다. (c) 회전을 멈춘 후, 회전시 작용한 용수철의 탄성력과 동일한 크기의 힘을 추의 무게를 이용하여 구한다.

그림 2(b)에서와 같이 회전축으로부터 질량 m을 매단 기둥 가운데의 연직 쇄선까지의 거리 r 이라고 하면, 이러한 등속원운동에 작용한 구심력의 크기는

$$F_c = \frac{mv^2}{r} \tag{9}$$

이다. 이 식 (9)로부터 등속원운동 하는 물체에 작용하는 구심력은 물체의 질량 m, 원운동의 반경 r, 원운동의 접선속도 v를 측정함으로써 구할 수 있음을 알 수 있다. 그런데, 그림 2와 같은 등속원운동의 고찰로부터 질량 m과 회전반경 r의 측정은 간단하나, 접선속력 v의 측정은 결코 쉽지 않다. 하지만, 접선속력은 측정이 용이한 물리량인 회전주기로써 나타낼 수 있으므로, 이러한 접선속력의 간접 측정을 이용하면 구심력은 쉽게 측정할 수 있다. 그 방법은 다음과 같다. 먼저, 원운동의 접선속력은 회전 각속력 ω와 회전반경 r로 나타낼 수 있어

$$v = \omega r \tag{10}$$

이다. 이 관계식을 식 (9)에 대입하면, 구심력은

$$F_c = mr\omega^2 \tag{11}$$

으로 쓸 수 있다. 한편, 물체의 초 당 회전수를 f, 한 바퀴 회전하는 데 걸리는 시간을 주기 T라고 하면, 각속력 ω는

$$\omega = 2\pi f = \frac{2\pi}{T} \tag{12}$$

로 나타내어지므로, 식 (11)의 구심력은

$$F_c = mr\omega^2 = 4\pi^2 mrf^2 = \frac{4\pi^2 mr}{T^2} \tag{13}$$

으로도 나타내어질 수 있다. 이 식 (13)으로부터, 측정이 어려운 접선속력이나 각속력 대신에 측정이 용이한 회전주기를 측정함으로써 구심력을 쉽게 측정할 수 있다.

한편, 그림 (2)의 구심력 측정 장치는 구심력의 원인이 되는 힘 또한 쉽게 측정할 수 있다. 그림 (2)의 운동을 논한 식 (9) 또는 (11), (13)의 구심력은 원운동의 결과로써 측정되어지는 힘이고, 이러한 운동을 일으킨 원인 즉, 구심력의 원인은 바로 용수철의 탄성력이다. 달리 말하면, **그림 2(b)의 등속원운동은 늘어난 용수철에 의한 탄성력($\vec{F}_s$)이 물체를 회전축으로 당기는 구심력으로 작용한 결과이다.** 그러므로 이 등속원운동의 구심력은

$$\vec{F}_c = \vec{F}_s$$

---

3) 그림 1(a)에서 세 점 O, A, B로 이루어진 부채꼴에서 $\Delta\theta$를 아주 작게 하여 $d\theta$라 하고 이 부채꼴의 호의 길이를 ds라고 하면,

$$v = \frac{ds}{dt} = \frac{rd\theta}{dt} = r\omega$$

의 관계를 얻을 수 있다.

$$-m\frac{v^2}{r}\hat{r}=-k(r-l)\hat{r} \tag{14}$$

이다. 그러므로 구심력의 크기는

$$F_c = F_s$$

$$\frac{mv^2}{r}=k(r-l) \tag{15}$$

와 같이 용수철의 탄성상수(k)와 늘어난 길이($r-l$)의 측정으로도 구할 수 있다. 그림 2(b)에서 장치의 회전운동을 멈추고, 그림 2(c)와 같이 질량 m의 물체의 다른 한쪽에 질량추를 달아 질량 m의 물체의 위치가 앞선 회전운동의 반경 r의 위치(질량 m의 물체를 매단 실의 연직선, 또는 질량 m의 물체를 매단 기둥의 가운데 쇄선)가 되게 하자. 그리고 이때 매단 질량 추의 질량을 M이라고 하면, 이 질량 추의 무게 $F_g(=Mg)$는 곧, 회전반경 r의 등속원운동을 일으킨 용수철의 탄성력 F_s와 같은 크기의 힘이 된다. 즉

$$F_s = F_g$$

$$k(r-l)=Mg \tag{16}$$

이다. 이 식 (16)은 용수철의 탄성상수와 늘어난 길이의 측정으로 구할 탄성력을 추의 질량 측정만으로 훨씬 쉽게 구하는 방법을 제공한다. 식 (15)와 식 (16)의 항등관계로부터, 그림 (2)의 등속원운동에 작용하는 구심력의 크기는

$$\frac{mv^2}{r}=Mg \tag{17}$$

가 된다.

4. 실험 기구

○ 회전운동 실험장치
- A자형 회전스탠드
- 알루미늄 트랙
- 3단 도르래
- 중앙 표시 기둥
- 추걸이 기둥
- 3중 고리 달린 추(100g, 50g(2))
- 사각질량
- 클램프 달린 도르래
- 모터

그림 3 구심력 측정 실험 기구

○ 직류전원장치(Power Supply)
○ 초시계
○ 실
○ 추 세트

5. 실험 방법

※ 이 과정을 수행하기 전에 먼저 다음의 내용을 충분히 숙지하기 바란다.

 * 이 실험에서 등속원운동의 구심력의 원인이 되는 힘은 용수철의 탄성력임을 이해하도록 한다.
 * 이 실험은 등속원운동을 다룬다. 그러기 위해서는 회전 장치 즉 알루미늄 트랙이 매우 수평하게 놓여야 한다. 그러므로 '[1] 실험 기본 구성' 과정을 따라 알루미늄 트랙의 수평을 조절하는데 주의를 기울이기 바란다.
 * 이 실험은 전동장치를 이용하여 물체를 회전시킨다. 그 과정에서 장치를 너무 빠르게 회전시키거나, 장치의 연결 부위를 느슨하게 조인 경우에는 장치의 회전 중에 실에 매단 질량추가 떨어져 나와 얼굴 등에 큰 부상을 줄 수 있으므로, 실험자는 안전을 위하여 세심하게 장치를 조작하여 주기 바란다.

[1] 준비 단계 – 회전스탠드의 수평 잡기

(1) 그림 4와 같이 회전스탠드의 중심 회전축에 3단 도르래를 꽂고 그 위에 알루미늄 트랙을 얹는다. 그리고 알루미늄 트랙 밑에 있는 조임나사를 조여서 고정시킨다.

그림 4 회전스탠드를 구성한다.

(2) A자형 회전스탠드 위의 알루미늄 트랙이 수평을 이루도록 조절한다. [그림 5 참조]

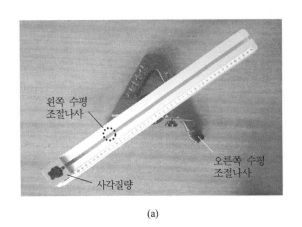

(a)

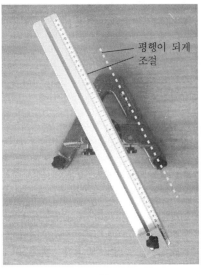

평행이 되게
조절

그림 5 (a), (b) 회전스탠드를 수평이 되게 한다.

(b)

① 알루미늄 트랙의 한쪽 끝에 사각질량을 얹고, 이 질량이 트랙 위에서 미끄러지지 않도록 조임나사로 고정시킨다.

★ 사각질량을 알루미늄 트랙의 한쪽 끝에 올려놓으면 알루미늄 트랙의 질량중심은 회전축에 있지 않게 되고, 이 상태에서 트랙을 회전시켜 보면 트랙이 수평하게 놓여 있지 않은 경우 트랙의 회전 운동이 빨랐다가 느렸다가 하는 현상이 두드러지게 나타나 트랙의 수평 여부를 쉽게 판단할 수 있다.

② 먼저 A자형 회전스탠드의 오른쪽 수평조절나사만을 조절하여 그림 5(a)와 같이 알루미늄 트랙이 왼쪽 수평조절나사 바로 위에 위치하게 한다. 즉, 위에서 보았을 때 왼쪽 수평조절나사가 보이지 않게 하면 된다.

③ 이번에는 왼쪽 수평조절나사만을 조절하여 그림 5(b)와 같이 알루미늄 트랙이 반시계 방향으로 90도 회전하여 A자형 회전스탠드의 오른쪽 다리와 평행이 되게 한다.

④ 이상의 과정을 통해 알루미늄 트랙은 A자형 회전스탠드 위에 수평하게 놓이게 된다. 트랙을 살짝 회전시켜 보아라. 트랙은 일정한 속도로 회전할 것이다. 만일, 트랙의 회전 속력이 일정하지 않다고 여겨지면, 과정 ①~③을 다시 수행하여 알루미늄 트랙이 수평을 이루게 한다. 이 수평조절 과정을 수행한 후에는 A자형 회전스탠드가 움직이지 않도록 주의한다.

★ 알루미늄 트랙이 수평이 되지 않으면, 이후의 회전실험에서 트랙의 등속 회전운동을 얻을 수 없게 된다. 그리고 이는 회전반경에 영향을 주어 물체는 원운동을 하지 않게 된다. 그렇게 되면, '등속원운동 하는 물체에 작용하는 구심력을 측정'하는 이 실험에 위배된다.

⑤ 알루미늄 트랙에 얹어 놓은 사각질량을 제거한다.

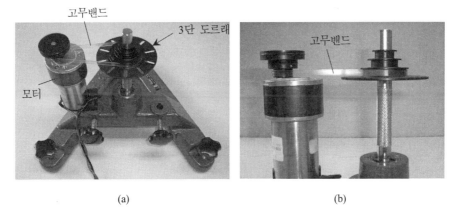

(a)   (b)

그림 6 (a), (b) 회전스탠드에 모터를 장치하고 고무밴드로 3단 도르래의 하단에 수평하게 연결한다.

(3) 잠시 알루미늄 트랙을 제거한 후, 그림 6과 같이 모터를 회전스탠드에 장치하고 고무밴드로 이 모터와 3단 도르래의 하단을 연결한다. 그리고 고무밴드가 수평이 되게 3단 도르래의 높이를 조절한다.

(4) 알루미늄 트랙을 다시 3단 도르래 위에 얹고, 그림 7을 참조하여 알루미늄 트랙의 측면에 '추걸이 기둥'을 <u>수직</u>하게 장치한다.

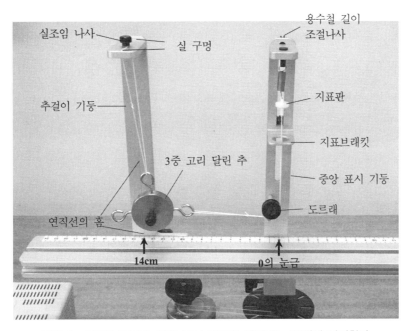

그림 7 추걸이 기둥과 중앙 표시 기둥을 알루미늄 트랙에 장치한다.

① 추걸이 기둥의 연직선의 홈이 트랙 눈금자의 약 14 cm 정도에 일치하게 하고 고정시킨다.

② 적당한 길이의 실을 이용하여 3중 고리 달린 추(이하 '3중추'라고 명함)에 끼운 후, 추걸이 기둥의 상단에 나 있는 양쪽 실 구멍을 통하게 하여 묶고 실을 실조임 나사에 1~2회 정도 감아둔다.

★ 이후 실험과정에서 이 3중추는 높이조절이 요구된다. 이때, 3중추를 높이고 싶으면 실조임 나사에 실을 감으면 되고, 3중추를 낮추고 싶으면 실조임 나사에 감은 실을 풀어주면 된다.

(5) 그림 7을 참조하여 알루미늄 트랙의 측면에 '중앙 표시 기둥'을 수직하게 장치한다.

① 중앙 표시 기둥이 트랙 눈금자의 **0**의 위치에 놓이게 한 뒤, 임시로 살짝 고정시킨다.

② 중앙 표시 기둥 후면의 용수철 길이 조절 나사를 최대로 올려 용수철이 중앙 표시 기둥의 최상단에 위치하게 하고, 적당한 길이(그림 7의 3중 고리 달린 추의 위치 참조)의 실을 이용하여 지표판의 아래쪽 구멍에 실을 묶어 도르래를 거쳐 3중추와 연결한다.

★ 실의 적당한 길이는 3중추가 추걸이 기둥의 연직선의 홈에 약 1~3 cm 정도 못 미치는 지점에 위치하게 하는 정도로 한다. [그림 5(a)와 그림 7 참조]

③ 용수철 아래에 연직으로 연결된 실이 트랙 눈금자 자의 0의 눈금과 정확히 일치하도록 중앙 표시 기둥의 위치를 조정하고 고정시킨다.

★ 이 용수철 아래 연직선의 실의 위치 즉, 0 cm의 위치가 장치의 회전운동의 중심이 된다.

[2] 구심력 측정

(1) 황금색의 3중추의 질량을 재어 m이라 하고 기록한다. 이때, 3중추는 편의상 3개의 추를 합한 것으로 한다.

★ 3중추의 양면에 부착된 나사를 풀면 이 추는 각각 100 g, 50 g, 50 g의 3개의 추로 분리된다. 그리고 이 세 개의 추의 조합의 경우인 100 g, 150 g, 200 g 중 실험자는 임의로 선택하여 그 질량을 m으로 한다.

(2) 추걸이 기둥의 중앙에 있는 연직선의 홈이 트랙 눈금자의 14 cm의 눈금에 정확히 일치하도록 추걸이 기둥의 위치를 조절하고 고정시킨다. 그리고 이 기둥의 홈이 가리키는 트랙 눈금자의 값을 회전반경 r이라 하고 기록한다. [그림 2(b)와 그림 7 참조]

★ 연직선의 홈은 3중추의 원운동의 회전반경을 가리키는 표시선의 역할을 한다.

★ 이때 14 cm는 임의적으로 설정한 위치이니 실험자는 이 값을 굳이 따를 필요는 없다. 추걸이 기둥의 위치, 즉 회전반경은 실의 길이와 용수철이 늘어나는 정도를 고려하여 실험자가 임의로 결정하면 된다.

(3) 그림 8과 같이 트랙의 한쪽 끝에 '클램프 달린 도르래'를 설치하고, 적당한 길이의 실을 준비하여 한쪽은 3중추의 실을 매지 않은 남은 고리에 연결하고 한쪽은 추걸이를 달아 클램프 달린 도르래에 걸쳐 놓는다. 그리고 3중추를 매단 연직선의 실이 정확히 추걸이 기둥의 연직선의 홈에 일치하도록 추걸이에 추를 달고, 이 상태에서 3중추의 양쪽 고리

에 연결된 실이 알루미늄 트랙과 평행하도록 추걸이 기둥 상단의 실조임 나사에 실을 감아 3중추의 높이를 조절한다.

★ 3중추와 도르래를 연결한 실이 수평하지 않다면, 이후 과정에서 측정한 구심력은 용수철의 탄성력 F_s의 수평 방향의 분력이 되어, 용수철의 탄성력 F_s가 정확히 구심력이라고 할 수 없게 된다.

그림 8 3중추의 실을 매지 않은 남은 고리에 실을 매고 추를 달아 3중추를 매단 연직선의 실이 추걸이 기둥의 연직선의 홈에 정확히 일치하게 한다.

(4) 과정 (3)에서 매단 추(추걸이 포함)의 질량을 M이라고 하고, 이 추(추걸이 포함)의 무게를 구심력의 이론값으로 하여 F_g라 한다.

$$F_g = Mg \tag{18}$$

★ 과정 (3)에서 용수철의 탄성력(또는 용수철과 연결된 실에 걸리는 장력)은 추걸이에 매단 추(추걸이 포함)에 작용하는 중력과 평형을 이루게 된다. 그래서 추(추걸이 포함)의 무게가 곧 용수철의 탄성력의 크기가 된다.

★ 용수철의 탄성력을 직접 측정하는 것보다 이렇게 탄성력과 중력의 힘의 평형을 이용하여 추(추걸이 포함)의 무게로써 탄성력의 크기를 측정하는 것이 훨씬 쉬워 실험은 이와 같은 방법을 택하였다.

(5) 과정 (3)의 상태(3중추를 매단 실이 추걸이 기둥의 연직선의 홈에 정확히 일치하게 한 상태)에서, 중앙 표시 기둥에 부착된 지표브래킷의 높이를 조절하여 지표판과 그 높이를 일치(나란하게)시킨다. [그림 9 참조][그림 7의 명칭 참조]

★ 이 과정은 이후의 실험 과정에서 알루미늄 트랙을 회전운동 시켰을 때, 3중추의 회전반경을 정확히 추걸이 기둥의 연직선의 홈에 일치시키기 위함이다. 실제 장치의 회전 중에는 3중추가 회

전반경 r의 운동을 하는지, 즉 3중추를 매단 실이 연직선의 홈에 일치하는지를 육안으로 확인
할 수가 없다. 그래서 이렇게 3중추가 연직선의 홈에 일치하게 놓일 때 지표판을 지표브래킷에
나란하게 해두고, 이후의 장치의 회전 중에 지표판과 지표브래킷이 나란하게 되도록 회전속력
을 조절하면, 미리 설정한 회전반경으로 정확하게 회전시킬 수가 있다.

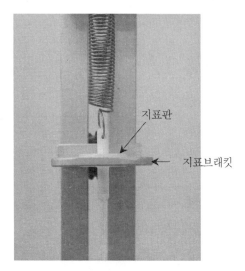

그림 9 지표브래킷의 높이를 조절하여 지표판과 그 높이를 일치(나란하게)시킨다.

(6) 3중추에 연결된 실 중에서 추걸이에 매단 실(그림 8의 왼쪽 실)을 분리하여 <u>알루미늄 트</u>
<u>랙으로부터 추걸이를 제거한다.</u> 단, 클램프 달린 도르래는 그대로 둔다.

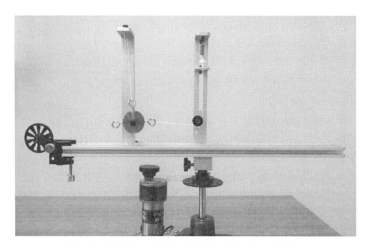

그림 10 알루미늄 트랙으로부터 추걸이를 제거한다.

(7) 직류전원장치의 <u>전원(POWER 버튼)을 끈 상태에서,</u> 전면에 있는 3개의 다이얼 중 왼쪽
의 **CURRENT** 다이얼은 시계방향으로 적당히 돌려놓고, 가운데의 **FINE** 다이얼은 중간
위치에 둔다. 그리고 오른쪽의 **VOLTAGE** 다이얼은 반시계방향으로 끝까지 돌려놓는다.

그림 11 모터의 리드선을 직류전원장치(Power Supply)에 연결한다.

(8) 그림 11과 같이 모터의 리드선을 직류전원장치(Power Supply)에 연결한다.

    ★ 빨간색 리드선은 전원장치의 ＋단자에, 검정색 리드선은 － 또는 GND 단자에 각각 연결한다.

주의

과정 9에 앞서 다음의 주의사항을 꼭 확인하여 주기 바랍니다.

이 단계에서는 알루미늄 트랙을 회전시키게 되는데, 회전속력이 조금만 빨라도 쉽게 용수철의 탄성한계를 넘어서는 힘이 가해져 용수철이 쉽게 변형되어 버립니다. <u>그러면, 새로 용수철을 교체하여 처음부터 다시 실험해야 합니다.</u> 그런데, 이러한 용수철의 변형은 회전속력을 고려하지 않고 다이얼을 한번에 크게 돌려서 발생하는 현상입니다. 그러므로 다이얼을 조금씩 돌려 알루미늄 트랙의 속력을 아주 조금씩 증가시키거나 감소시키는 방법으로 실험하여 용수철에 변형이 생기지 않도록 주의해 주기 바랍니다.

(9) 직류전원장치의 전원(**POWER** 버튼)을 켠다. 그리고 오른쪽의 **VOLTAGE** 다이얼을 조금씩 시계방향으로 돌려 서서히 알루미늄 트랙을 회전시키고, 그 속력을 조절하여 그림 9와 같이 용수철에 달린 지표판이 지표브래킷과 일치하게 한다. 이때, 가운데의 **FINE** 다이얼을 이용하면 회전속력을 미세하게 조정할 수 있다.

    ★ 만일, 알루미늄 트랙의 회전 중에 지표판이 지표브래킷과 일치하지 않고 지표브래킷 근방에서 오르락내리락 한다면, 이는 회전 장치가 수평을 이루지 못하여 발생하는 현상이므로, '[1] 실험 기본 구성'을 통해 다시금 알루미늄 트랙이 수평이 되게 한다.

    ★ 빠른 회전속력의 조작이나 갑작스럽게 속력을 증가시키는 조작은 자칫 회전체를 날아가게 하는 수가 있으니, 실험자는 안전에 유의하여 VOLTAGE 다이얼을 서서히 조금씩 돌리도록 한다.

(10) 지표판이 지표브래킷에 일치된 상태가 확인되면, 이후 알루미늄 트랙을 30회전 정도(또는 그 이상이면 더욱 좋다) 회전시키며 그 회전수와 회전시간을 측정하여 각각 N과 t

라 하고 기록한다. 그리고 이 측정값을 이용하여 3중추의 회전주기와 각속력 ω를 계산한다. 이 과정은 총 3회 수행한다.

$$T = t/N \tag{19}$$

$$\omega = 2\pi f = \frac{2\pi}{T} \tag{12}$$

★ 경우에 따라서는 측정상의 이유로 회전수가 큰 경우 더 좋은 실험 결과를 얻을 수도 있다. 왜 그럴까? 그 이유를 생각해 보기 바란다.

★ 3명의 조원이 각각 회전시간을 측정하면, 한 번의 측정으로 3회의 시간 측정값을 얻을 수 있다.

(11) **VOLTAGE** 다이얼을 반시계방향으로 끝까지 돌려 장치의 회전운동을 멈추게 하고, 직류 전원장치의 전원(**POWER** 버튼)을 끈다.

(12) 과정 (1), (2), (10)으로부터 구한 m과 r, 그리고 T 또는 ω를 식 (13)에 대입하여 구심력의 실험값 F_c를 구한다.

$$F_c = mr\omega^2 = 4\pi^2 mrf^2 = \frac{4\pi^2 mr}{T^2} \tag{13}$$

(13) 과정 (12)에서 구한 구심력의 실험값 F_c를 과정 (4)에서 구한 구심력의 이론값 F_g $(= Mg)$와 비교하여 본다. 이 비교 과정에서 구심력의 이론값 $F_g(= Mg)$는 과정 (3)과 (4)를 통해서 회전 중에 늘어난 용수철의 탄성력과 같은 크기의 힘이고, 이 <u>탄성력이 곧 3중추의 원운동을 일으킨 구심력의 원인으로 작용한 힘</u>임을 이해한다.

(14) 과정 (2)와 같은 방법으로 추걸이 기둥의 중앙에 있는 연직선의 홈, 즉 3중추의 회전반경이 트랙 눈금자의 약 16 cm 정도에 위치하게 하고, 연직선의 홈이 가리키는 눈금자의 값을 읽어 r로 기록한 후 과정 (3)~(13)을 수행한다. <u>이렇게 회전반경을 변화시키는 것은 용수철의 늘어난 길이에 변화를 주어 구심력의 크기를 변화시키기 위함이다.</u>

★ 이 과정에서 연직선의 홈의 위치, 즉 3중추의 회전반경을 약 16 cm에 둔 것은 다분히 임의적이므로 실험자가 판단하여 적당한 값(12 cm, 13 cm, 15 cm 등등)을 취하면 된다. 단, 너무 큰 길이를 선택하면, 회전운동시 용수철이 크게 늘어나 심지어는 용수철 아래의 도르래를 넘어서는 경우가 발생하고 이때, 용수철은 변형되어 버린다. 그러면, 용수철을 새로 교체하고 처음부터 다시 실험하여야 하므로, 실험자는 이러한 상황을 고려하여 연직선의 홈의 위치를 적당히 선택한다.

(15) 3중추의 회전반경이 트랙 눈금자의 약 18 cm 정도에 위치하게 하고, 연직선의 홈이 가리키는 눈금자의 값을 읽어 r로 기록한 후 과정 (3)~(13)을 수행한다.

(16) 과정 (15)(또는 (2)나 (14))의 회전반경은 그대로 유지한 채, 3중추의 질량 m을 바꿔서 구심력을 측정한다. 그리고 그 측정값을 과정 (15)(또는 (2)나 (14))의 결과와 비교하여 본다. 그 과정에서 3중추의 질량(m) 변화와 각속력 ω의 상관관계를 확인하여 본다.

★ 3중추의 질량이 바뀐다고 해도 3중추의 회전반경은 변화가 없으므로 용수철의 늘어난 길이도 역시 변화가 없다. 그러므로 구심력의 원인이 되는 용수철의 탄성력은 변화가 없다.

6. 실험 전 학습에 대한 질문

실험 제목	구심력 측정		실험일시	
학과 (요일/교시)		조	보고서 작성자 이름	

* 다음의 물음에 대하여 괄호 넣기나 번호를 써서, 또는 간단히 기술하는 방법으로 답하여라.

1. 물체에 원운동을 일으키는 힘 또는 물체에 구심가속도를 갖게 하는 힘을 (　　　)력 이라고 한다.

2. 질량 m의 물체가 반경 r, 접선속력 v의 등속원운동을 하고 있다. 이 물체에 작용하는 구심력을 주어진 문자로 써 보아라. ($F_c = \dfrac{\qquad}{\qquad}$)

3. 구심력에서 '구심'이란 용어는 단지 힘의 방향을 나타낼 뿐이다. 즉, 이 말은 힘의 본질이나 원인에 대하여는 아무것도 알려 주는 게 없다. 다음의 표의 첫 번째 열의 원운동을 일으키는, 즉 구심력의 원인이 되는 힘을 두 번째 열에 써 넣어라.

원운동	어떤 힘이 구심력으로 작용? (구심력의 원인이 되는 힘)
실에 매단 물체의 원운동	(　　　　　)
태양 주위를 원운동 하는 지구	(　　　　　)
핵 주위를 원운동 하는 전자	(　　　　　)
마찰이 있는 수평면에서 원을 그리며 걸을 때	(　　　　　)

4. 이 실험에서 구심력의 원인이 되는 힘은 무엇인가? (　　　　　　　)

5. 반경 r의 원운동에서 접선속도 v와 회전 각속력 ω의 관계를 옳게 나타낸 것은? (　　)

　① $\omega = vr$ 　　　② $v = \omega r$ 　　　③ $v = \omega r^2$ 　　　④ $v = \omega/r$

6. 원운동에서 단위 시간당 회전수를 f, 한 바퀴 회전하는 데 걸리는 시간을 주기 T라고 하면, 질량 m, 반경 r, 접선속력 v의 등속원운동에서의 각속력 ω와 구심력 F_c는?

$$\omega = 2\pi f = \frac{2\pi}{(\quad)}, \quad F_c = mr(\quad) = 4\pi^2(\qquad) = \frac{4\pi^2(\qquad)}{(\quad)^2}$$

7. 다음 중 이 실험에서 사용하는 실험 기구가 아닌 것은? (   )
　① A자형 스탠드　　　② 직류전원장치　　　③ 초시계　　　④ 마이크로미터

8. 다음은 이 실험에서 '추걸이 기둥과 중앙 표시 기둥을 알루미늄 트랙에 장치한다.'라는 실험 과정에 해당하는 장치도이다. 그림 상의 괄호에 알맞은 장치의 이름을 써 넣어라.

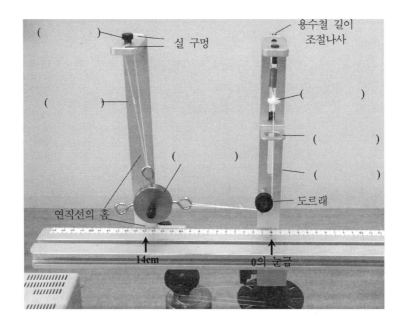

9. 다음은 '5. 실험 방법의 – [2] 구심력 측정 - 과정 (3)과 (4)'의 내용이다. [그림 8 참조]
　과정 (3): <u>3중추를 매단 연직선의 실이 정확히 추걸이 기둥의 연직선의 홈에 일치하도록 추걸이에 추를 달고, ……</u>
　과정 (4): 과정 (3)에서 매단 추(추걸이 포함)의 질량을 M이라고 하고, ……
　이 과정에서 얻은 추(추걸이 포함)의 무게 Mg는 실험에서 직접 측정해야 할 어떤 힘을 쉬운 방법으로 간접 측정한 것이다. 이 힘은 무엇인가? (   )

10. 다음은 '5. 실험 방법의 – [2] 구심력 측정 - 과정 (5)'의 내용이다. [그림 9참조]
　과정 (5): 과정 (3)의 상태(3중추를 매단 실이 추걸이 기둥의 <u>연직선의 홈에 정확히 일치하게</u>한 상태)에서, 중앙 표시 기둥에 부착된 지표브래킷의 높이를 조절하여 지표판과 그 높이를 일치(나란하게)시킨다.
　이러한 과정을 수행하는 목적이 무엇일까? 다음의 목적에 대한 설명의 글에서 빈칸에 알맞은 말을 써 넣어라.
　　* 목적: 이 과정은 이후의 실험과정에서 장치를 회전운동 시켰을 때, 3중추의 (   )을 정확히 추걸이 기둥의 (   )의 홈에 일치시키기 위함이다.

7. 결과

실험 제목	구심력 측정		실험일시	
학과 (요일/교시)		조	보고서 작성자 이름	

[1] 실험값

(1) 실험 1 - 과정 (3)~(13)

○ 3중추의 질량 $m =$ g

○ 회전반경 $r =$ cm ※ 힘의 단위를 N으로 쓰기 위해서는 질량은 kg으로 길이는 m로 변환한다.

회	$F_g(=Mg)$	회전수 (N)	회전시간 (t)	주기 (T)	각속력 (ω)	F_c	$\dfrac{F_g-F_c}{F_g}\times 100$
1						N	
2	N					N	
3						N	
평균						N	

(2) 실험 2 - 과정 (14)

○ 3중추의 질량 $m =$ g

○ 회전반경 $r =$ cm

회	$F_g(=Mg)$	회전수 (N)	회전시간 (t)	주기 (T)	각속력 (ω)	F_c	$\dfrac{F_g-F_c}{F_g}\times 100$
1						N	
2	N					N	
3						N	
평균						N	

(3) 실험 3 – 과정 (15)

○ 3중추의 질량 $m =$ g
○ 회전반경 $r =$ cm

회	$F_g(= Mg)$	회전수 (N)	회전시간 (t)	주기 (T)	각속력 (ω)	F_c	$\dfrac{F_g - F_c}{F_g} \times 100$
1						N	
2	N					N	
3						N	
평균						N	

(4) 실험 4 – 과정 (16)

○ 3중추의 질량 $m =$ g
○ 회전반경 $r =$ cm

회	$F_g(= Mg)$	회전수 (N)	회전시간 (t)	주기 (T)	각속력 (ω)	F_c	$\dfrac{F_g - F_c}{F_y} \times 100$
1						N	
2	N					N	
3						N	
평균						N	

[2] 결과 분석

[3] 오차 논의 및 검토

[4] 결론

충돌의 해석 – 1차원 충돌

1. 실험 목적

여러 가지 충돌 양상을 해석하고 충돌 과정에서 선운동량이 보존됨을 이해한다.

2. 실험 개요

무마찰 에어트랙(air track) 위에 두 개의 글라이더를 올려놓고, 이 두 글라이더의 마주보는 쪽에 '고무줄 범퍼(bumper)'를 달아 정면 탄성 충돌시키며, 두 글라이더의 충돌 전후의 속도를 포토게이트 타이머 시스템을 이용하여 측정한다. 다음에는 두 글라이더의 마주보는 쪽에 고무찰흙 범퍼를 달아 완전비탄성 충돌시키며, 역시 두 글라이더의 충돌 전후의 속도를 포토게이트 타이머 시스템을 이용하여 측정한다. 이 두 가지 충돌 양상에 대하여 각각 글라이더의 질량과 충돌 전의 속도 측정값에 선운동량 보존법칙과 반발계수의 정의를 적용하여 충돌 후의 글라이더의 속도를 구한다. 그리고 이 속도 값을 이론값으로 하여 포토게이트 타이머 시스템으로 측정한 충돌 후의 속도의 실험값과 비교하여 본다. 이러한 이론과 실험값의 비교로부터 그 일치를 확인하고, 이를 통해 충돌 과정에서 충돌의 종류(탄성, 완전비탄성 충돌 등등)에 관계없이 선운동량이 보존됨을 이해하고, 충돌 전후의 운동에너지의 보존 여부에 따라 충돌의 양상이 탄성과 비탄성 충돌로 구분됨을 또한 이해한다.

3. 기본 원리

[1] 충돌이란?

충돌이란 두 물체가 서로 근접하여 강하게 상호작용하는 것을 말한다. 충돌은 당구공의 충돌, 축구공의 킥, 자동차의 충돌과 같이 아주 빠른 시간에 그 사건이 일어나는 경우도 있고, 지구판의 충돌, 천체의 은하간의 충돌과 같이 수백만 년의 긴 시간을 두고 일어나는 충돌도 있

$$\vec{v}_f = \vec{v}_i + \vec{a}\,\Delta t$$

충돌 전의   힘의 정보가   충돌 시간
속도   필요

충돌 시간 ➡ 측정 용이

힘의 정보 ➡ 측정 곤란

그림 1 여러 가지 충돌 상황

다. 그런데, 이러한 충돌이 일어난 후 물체들이 어떤 방향으로 얼마의 속력으로 운동할지를 논할 수 있을까? 이는 충돌 후 물체들의 운동 속도를 알 수 있겠는가의 문제인데, 이 속도는 충돌 과정에서 물체에 작용한 힘과 충돌시간의 정보로부터 얻어질 수 있다. 그런데, 충돌 과정에서의 충돌시간은 측정이 용이한 양이나, 힘은 단순히 측정되거나 계산되지 않는다. 그래서 충돌 과정에서의 힘의 정보로부터 충돌 후의 물체들의 운동을 예측하는 것은 매우 어려운 일이라 하겠다. 그러나 충돌 과정에서의 구체적인 정보 없이도 충돌 후의 물체들의 운동을 쉽게 예측할 수 있게 해주는 고마운 개념과 원리가 있다. 이를 '선운동량'과 '선운동량 보존법칙'이라고 한다.

[2] 선운동량 보존

다음의 그림 2와 같이 두 입자만으로 이루어진 고립계 내에서 질량 m_1과 m_2의 두 입자가 각각 $\vec{v}_{1i}$와 $\vec{v}_{2i}$의 속도로 운동하여 서로 충돌하였다고 하고, 충돌 후 이 두 입자의 운동을 기술해 보도록 하자.

각각 충돌 후 두 입자는 방향이 바뀌는 운동을 하게 되므로 속도가 변하는 운동을 하게 되는 것이다. 이러한 속도 변화는 힘에 의해 발생하므로 두 입자는 각각 힘을 받은 것이다. 이때, 질량 m_1의 입자가 받은 힘을 $\vec{F}_1$, 질량 m_2의 입자가 받은 힘을 $\vec{F}_2$라고 하자. 그러면, 이 고립계 내의 입자들에 작용하는 총(알짜) 힘은

$$\sum \vec{F} = \vec{F}_1 + \vec{F}_2 \tag{1}$$

이다. 이 총 힘은 뉴턴의 운동 제 2법칙과 가속도의 정의에 의해

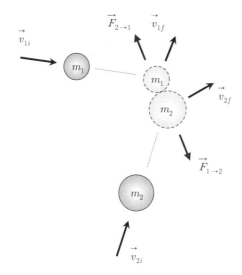

그림 2 고립계 내에서 두 입자가 충돌할 때, 계에 작용하는 총 힘은 0이고 계의 선운동량은 보존된다.

$$\sum \vec{F} = \vec{F_1} + \vec{F_2} = m_1 \vec{a_1} + m_2 \vec{a_2} = m_1 \frac{d\vec{v_1}}{dt} + m_2 \frac{d\vec{v_2}}{dt} \tag{2}$$

으로 기술할 수 있으며, 여기에 충돌 과정에서 두 입자의 질량이 변하지 않는다는 가정을 더하면

$$\sum \vec{F} = \frac{d(m_1\vec{v_1})}{dt} + \frac{d(m_2\vec{v_2})}{dt} \quad \left(\because \ \frac{d}{dt}(m_1\vec{v_1}) = \frac{dm_1}{dt}\vec{v_1} + m_1 \frac{d\vec{v_1}}{dt} = m_1 \frac{d\vec{v_1}}{dt} \right)$$
$$= \frac{d}{dt}(m_1\vec{v_1} + m_2\vec{v_2}) \tag{3}$$

으로 기술된다. 그런데, 이 계는 두 입자만으로 이루어져 있으므로 충돌 과정에서 한 입자에 작용하는 유일한 힘은 남은 다른 입자로부터 나온다. 즉, 충돌 시 질량 m_1의 입자가 받는 힘은 질량 m_2의 입자에 의한 힘인 것이다. 이 힘을 $\vec{F}_{2\to1}$으로 나타내기로 하자. 한편, 질량 m_2의 입자 역시 질량 m_1의 입자로부터 $\vec{F}_{1\to2}$의 힘을 받는데, 뉴턴의 운동 제 3법칙(작용–반작용의 법칙)에 따라 이 힘은 힘 $\vec{F}_{2\to1}$과 크기는 같고 반대 방향을 이룬다. 즉,

$$\vec{F}_{1\leftarrow2} = -\vec{F}_{2\leftarrow1} \tag{4}$$

이다. 그러므로 고립계에서 두 입자에 작용하는 총(알짜) 힘은 0이 된다.

$$\sum \vec{F} = \vec{F_1} + \vec{F_2} = \vec{F}_{1\leftarrow2} + \vec{F}_{2\leftarrow1} = 0 \tag{5}$$

식 (3)과 (5)의 항등 관계로부터

$$\frac{d}{dt}(m_1\vec{v_1} + m_2\vec{v_2}) = 0 \tag{6}$$

으로 기술할 수 있다. 이 식 (6)으로부터, 고립계 내에서의 충돌 과정에서 괄호 안의 물리량은

시간에 따라 변하지 않는 상수의 값을 갖는다는 것을 알 수 있다. 즉,

$$m_1\vec{v}_1 + m_2\vec{v}_2 = \text{const (일정)} \tag{7}$$

이다. 여기서, 질량과 속도의 곱으로 표현되는 물리량을 물체의 선운동량(linear momentum)[4]이라고 하며

$$\vec{p} \equiv m\vec{v} \tag{8}$$

로 쓴다. 이 선운동량은 물체가 가지는 운동의 양이며, 물체의 운동을 멈추게 하기 어려운 정도를 나타낸다. 선운동량의 단위는 SI 단위계에서 kg · m/s 이다. 식 (7)을 선운동량의 정의를 사용하여 다시 쓰면

$$\vec{p}_1 + \vec{p}_2 = \text{const}$$

$$\vec{p}_{1i} + \vec{p}_{2i} = \vec{p}_{1f} + \vec{p}_{2f}$$

$$m_1\vec{v}_{1i} + m_2\vec{v}_{2i} = m_1\vec{v}_{1f} + m_2\vec{v}_{2f} \tag{9}$$

으로 쓸 수 있다. 여기서 $\vec{p}_{1i}$와 $\vec{p}_{2i}$는 각각 두 입자의 충돌 전의 선운동량이고, $\vec{p}_{1f}$와 $\vec{p}_{2f}$는 충돌 후의 선운동량이다. 식 (7), (9)로부터 '고립계 내에서의 충돌 과정에서 입자들의 선운동량의 합은 보존된다는 것'을 알 수 있다. 이상에서의 '고립계'는 달리 표현하면, '여타의 외력이 작용하지 않는 계'로 생각할 수 있으므로, '외력이 작용하지 않는 한, 입자계의 총 선운동량은 보존된다.'라고도 표현할 수 있겠다. 이것을 '선운동량 보존법칙'이라고 한다. 이 법칙은 역학에서 가장 중요한 법칙 중의 하나이며, 공간 병진에 대하여 변하지 않는 대칭성의 결과이다. 이 선운동량 보존법칙은 충돌, 폭발, 방사성 붕괴, 핵반응 등의 모든 종류의 상호작용에 대해 성립한다. 또한, 이 법칙은 총의 반동, 로켓의 추진, 차량의 충돌 등과 같이 우리 주변에서 많이 일어나는 현상들을 분석하는 데도 요긴하게 사용되어진다.

이와 같이 선운동량 보존법칙의 식 (9)는 충돌 과정에서의 힘에 대한 구체적인 정보 없이도 계의 선운동량이 보존됨을 통해서 충돌 후의 입자들의 속도 $\vec{v}_{1f}$와 $\vec{v}_{2f}$를 알아낼 수 있게 해준다.

[3] 충돌의 종류

다음의 그림 3은 두 입자로 이루어진 고립계 내에서 질량 m_1의 입자가 $\vec{v}_{1i}$의 속도로 운동하여 $\vec{v}_{2i}$의 속도로 운동하는 질량 m_2의 입자에 정면으로 충돌한 상황을 나타낸 것이다. 고립계 내의 두 입자의 충돌 과정에서는 서로에게 작용하는 내력 외에 여타의 외력은 없으므로 계의 선운동량은 보존된다. 이 충돌은 정면충돌 즉, 1차원 충돌이므로 충돌 전후의 입자의 속도

---

4) 선운동량은 회전 운동에 관한 각운동량과 구분지어 직선 운동에 관한 운동량을 일컫는 말이다. '선'자를 빼고 운동량이라고 명하기도 한다.

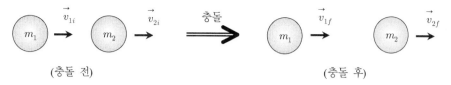

(충돌 전)　　　　　　　　　　　　　　(충돌 후)

그림 3　고립계 내에서 두 입자가 정면충돌 한 후, 충돌 전과는 각기 다른 속도로 운동하였다.

와 선운동량은 벡터 표기를 사용하지 않고 그 운동 방향을 +와 −의 부호로 쉽게 나타내어 선운동량 보존의 결과는 다음과 같이 기술한다.

$$p_{1i} + p_{2i} = p_{1f} + p_{2f}$$

$$m_1 v_{1i} + m_2 v_{2i} = m_1 v_{1f} + m_2 v_{2f} \tag{10}$$

한편, 충돌 과정에서의 운동에너지의 보존을 고려하면, 충돌 전후의 운동에너지의 관계는 에너지 보존법칙에 따라

$$\frac{1}{2} m_1 v_{1i}^2 + \frac{1}{2} m_2 v_{2i}^2 \geq \frac{1}{2} m_1 v_{1f}^2 + \frac{1}{2} m_2 v_{2f}^2 \tag{11}$$

이다. 여기서 '≥'는 충돌 과정에서 소리, 열, 빛 등의 발생으로 에너지가 소모되는 경우를 포함한 운동에너지의 보존을 나타낸 것이다. 선운동량 보존의 식 (10)과 운동에너지 보존의 식 (11)의 좌, 우변의 값을 각각 이항하여

$$m_1 \left(v_{1i} - v_{1f} \right) = - m_2 \left(v_{2i} - v_{2f} \right) \tag{12}$$

$$\frac{1}{2} m_1 \left(v_{1i}^2 - v_{1f}^2 \right) \geq - \frac{1}{2} m_2 \left(v_{2i}^2 - v_{2f}^2 \right) \tag{13}$$

과 같이 쓰고, 여기서 식 (12)의 좌, 우변 항등 관계를 식 (13)에 대입하여 정리하면

$$\frac{1}{2} m_1 \left(v_{1i} - v_{1f} \right) \left(v_{1i} + v_{1f} \right) \geq - \frac{1}{2} m_2 \left(v_{2i} - v_{2f} \right) \left(v_{2i} + v_{2f} \right)$$

$$\left(v_{1i} + v_{1f} \right) \geq \left(v_{2i} + v_{2f} \right)$$

$$\left(v_{1i} - v_{2i} \right) \geq - \left(v_{1f} - v_{2f} \right)$$

$$1 \geq - \frac{\left(v_{1f} - v_{2f} \right)}{\left(v_{1i} - v_{2i} \right)} \tag{14}$$

이 된다. 이는 충돌 과정에서 충돌 전후의 두 입자의 상대속도의 비는 1과 같거나 1보다 작다는 것을 말해 준다. 특히, 충돌 전후의 두 입자의 상대속도의 비가 1인 경우는 충돌 과정에서 운동에너지가 보존되는 경우를 의미한다. 한편, 충돌 과정에서의 반발계수를 e 라 하고, 이를 식 (14)의 관계식을 이용하여 정의하면

$$e \equiv -\frac{(v_{1f} - v_{2f})}{(v_{1i} - v_{2i})} \tag{15}$$

이다. 반발계수는 두 입자의 충돌 전, 후의 상대속도의 비로 정의되는 무차원의 값이다. 이 반발계수의 영역에 따라 충돌은 다음과 같이 구분된다.

- 탄성 충돌: $e = 1$
- 비탄성 충돌: $0 < e < 1$
- 완전비탄성 충돌: $e = 0$

여기서, 탄성 충돌은 충돌 과정에서 계의 운동에너지가 보존되는 충돌이고 비탄성충돌과 완전비탄성 충돌은 운동에너지가 보존되지 않는 충돌이다. 특별히, 완전비탄성 충돌은 충돌 후에 두 입자의 상대속도가 0 즉, 두 물체가 서로 붙은 채로 운동하는 경우이다.

[4] 1차원 충돌에서의 탄성과 완전비탄성 충돌의 해석

1차원 충돌 과정에서 여타의 외력이 작용하지 않아 계의 선운동량이 보존되는 충돌에 있어서, 탄성과 완전비탄성 충돌의 두 양상에 대해 다음의 몇 가지 충돌 상황을 해석하여 충돌 후의 입자들의 속도를 알아보도록 보자.

(1) 탄성 충돌

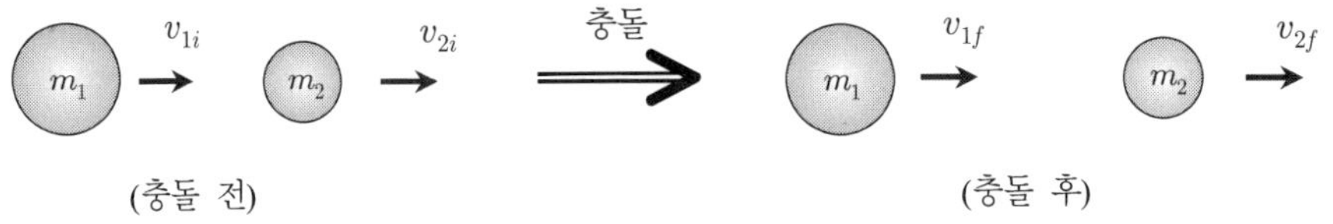

그림 4 두 입자가 정면(1차원) 탄성 충돌한다.

(i) $m_1 \neq m_2$, $v_{2i} \neq 0$ 인 경우

그림 4의 충돌 과정에서 여타의 외력은 작용하지 않으므로 계의 선운동량은 보존되며, 충돌이 1차원 충돌이므로 선운동량 보존은

$$m_1 v_{1i} + m_2 v_{2i} = m_1 v_{1f} + m_2 v_{2f} \tag{10}$$

으로 기술된다. 그리고 이 충돌은 탄성 충돌이므로 반발계수 e는 1이다. 그래서

$$e = -\frac{(v_{1f} - v_{2f})}{(v_{1i} - v_{2i})} = 1$$

$$v_{2f} = v_{1i} - v_{2i} + v_{1f} \tag{16}$$

이다. 식 (10)에 식 (16)의 관계를 대입한 후 각각 두 입자의 충돌후의 속도 v_{1f}과 v_{2f}에 관해

정리하면,

$$v_{1f} = \left(\frac{m_1 - m_2}{m_1 + m_2}\right)v_{1i} + \left(\frac{2m_2}{m_1 + m_2}\right)v_{2i}$$

$$v_{2f} = \left(\frac{2m_1}{m_1 + m_2}\right)v_{1i} + \left(\frac{m_2 - m_1}{m_1 + m_2}\right)v_{2i} \tag{17}$$

이 된다. 이와 같이 충돌 후의 입자들의 운동 속도는 이 입자들의 질량과 충돌 전의 속도의 정보만으로 쉽게 기술될 수 있다. 한편, 이 충돌은 충돌 과정에서 운동에너지가 보존되는 탄성충돌이므로, 충돌 과정에서 운동에너지의 손실은 없다.

(ii) $m_1 \neq m_2$, $v_{2i} = 0$ 인 경우

식 (17)에 $v_{2i} = 0$의 조건을 대입하면, 충돌 후의 물체들의 운동 속도는 각각 다음과 같다.

$$v_{1f} = \left(\frac{m_1 - m_2}{m_1 + m_2}\right)v_{1i}, \quad v_{2f} = \left(\frac{2m_1}{m_1 + m_2}\right)v_{1i} \tag{18}$$

(iii) $m_1 = m_2$, $v_{2i} \neq 0$ 인 경우

식 (17)에 $m_1 = m_2$의 조건을 대입하면, 충돌 후의 물체들의 운동 속도는 각각 다음과 같다.

$$v_{1f} = v_{2i}, \quad v_{2f} = v_{1i} \tag{19}$$

(iv) $m_1 = m_2$, $v_{2i} = 0$ 인 경우

식 (17)에 $m_1 = m_2$와 $v_{2i} = 0$의 조건을 대입하면, 충돌 후의 물체들의 운동 속도는 각각 다음과 같다.

$$v_{1f} = 0, \quad v_{2f} = v_{1i} \tag{20}$$

(2) 완전비탄성 충돌

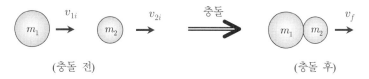

(충돌 전)　　　　　　　　　　(충돌 후)

그림 5 두 입자가 정면(1차원) 완전비탄성 충돌한다.

(i) $m_1 \neq m_2$, $v_{2i} \neq 0$ 인 경우

충돌 과정에서 여타의 외력이 작용하지 않아 계의 선운동량은 보존되며, 1차원 충돌이므로 선운동량 보존은

$$m_1 v_{1i} + m_2 v_{2i} = m_1 v_{1f} + m_2 v_{2f} \tag{10}$$

으로 기술된다. 이때, 선운동량 보존 여부는 충돌의 종류에는 관계없고, 충돌 과정에서 외력이 작용했는지 여부에 의해 결정됨을 유념하자. 이 충돌은 완전비탄성 충돌이므로 반발계수 e 는 0이다. 그래서

$$e = -\frac{\left(v_{1f} - v_{2f}\right)}{\left(v_{1i} - v_{2i}\right)} = 0$$

$$v_{1f} = v_{2f} \tag{21}$$

이다. 완전비탄성 충돌은 충돌 후에 두 입자가 붙어서 같이 운동하게 되는 것이므로, 이와 같이 충돌 후의 두 입자의 속도가 같다. 이 두 입자의 같은 속도를 v_f 라고 하여 완전비탄성 충돌에 대해서 식 (10)의 선운동량 보존을 다시 쓰면,

$$m_1 v_{1i} + m_2 v_{2i} = (m_1 + m_2)v_f \quad \lceil v_f = v_{1f} = v_{2f} \rfloor \tag{22}$$

이 된다. 이 식 (22)를 충돌 후의 속도 v_f 에 관해 정리하면,

$$v_f = \left(\frac{m_1}{m_1 + m_2}\right)v_{1i} + \left(\frac{m_2}{m_1 + m_2}\right)v_{2i} \tag{23}$$

이 된다.

(ii) $m_1 \neq m_2$, $v_{2i} = 0$ 인 경우

식 (23)에 $v_{2i} = 0$의 조건을 대입하면, 충돌 후의 물체들의 운동 속도는 다음과 같다.

$$v_f = \left(\frac{m_1}{m_1 + m_2}\right)v_{1i} \tag{24}$$

(iii) $m_1 = m_2$, $v_{2i} \neq 0$ 인 경우

식 (23)에 $m_1 = m_2$의 조건을 대입하면, 충돌 후의 물체들의 운동 속도는 다음과 같다.

$$v_f = \frac{1}{2}\left(v_{1i} + v_{2i}\right) \tag{25}$$

(iv) $m_1 = m_2$, $v_{2i} = 0$ 인 경우

식 (23)에 $m_1 = m_2$와 $v_{2i} = 0$의 조건을 대입하면, 충돌 후의 물체들의 운동 속도는 다음과 같다.

$$v_f = \frac{1}{2}v_{1i} \tag{26}$$

4. 실험 기구

○ 직선 무마찰 실험 시스템
- 에어트랙(air track)
- 공기펌프
- 연결호스
- 액세서리
  - 글라이더(2)
  - 플래그(2)

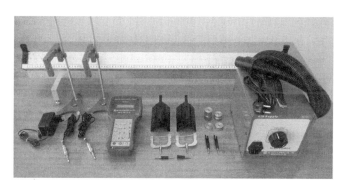

그림 6 실험 기구

○ 탄성, 완전비탄성 충돌 발생 도구
- 탄성 충돌: 고무줄 범퍼
- 완전비탄성 충돌: 고무찰흙 범퍼(청테이프로 대체 가능)

○ 포토게이트 타이머 시스템
- 포토게이트 타이머
- 포토게이트 (2)
- 지지대(2)

○ 추 세트

5. 실험 방법

[1] 실험 기본 구성

(1) 연결호스로 에어트랙(air track)에 공기펌프를 연결한다.

(2) 에어트랙이 수평이 되게 한다.

① 에어트랙 위에 글라이더 2개를 올려놓고 공기펌프의 전원을 켠 후, 송풍의 세기를 '중간 정도'에 맞춘다.

② 글라이더의 움직임을 관찰하며 에어트랙 받침의 높이 조절나사로 수평을 조절하여 글라이더의 움직임이 생기지 않거나 아주 작게 한다.

★ 글라이더의 움직임이 없으면 에어트랙은 수평하게 놓인 것이다. 하지만, 에어트랙에서 나온 공기가 글라이더의 양쪽 방향으로 똑같이 빠져 나가지 않고 한쪽 방향으로 더 빠져 나가면, 실제 에어트랙은 수평 하더라도 글라이더는 조금 움직이게 된다. 그래서 글라이더의 움직임이 꽤 작은 상태가 되면 에어트랙은 수평해진 것으로 판단하는 게 옳다.

③ 수평 조절이 끝나면 공기펌프는 꺼둔다.

(3) 각각의 글라이더에 그림 7(a)와 같이 플래그를 꽂고, 그림 7(b)와 같이 플래그가 글라이더 또는 에어트랙과 정확히 1자(나란)가 되도록 조정한다.

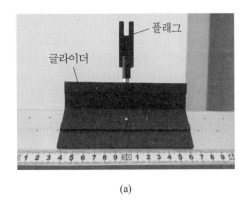

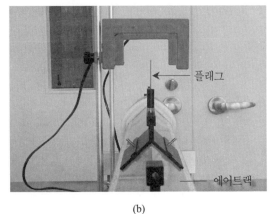

그림 7 (a) 글라이더에 플래그를 꽂고, (b) 플래그가 글라이더와 1자가 되게 조정한다.

(4) 그림 8과 같이 에어트랙의 중간쯤의 위치에 두 포토게이트를 적당한 간격(약 40~60cm 정도)으로 배치한다. 그리고 글라이더 위 플래그의 ㄴ 모양의 홈이 그림 9의 (a), (b)와 같이 포토게이트의 발광다이오드와 광센서를 잇는 가상의 선상을 지나도록 포토게이트의 높이를 조절하고, 이어서 그림 10과 같이 포토게이트가 플래그와 수직하게 놓이도록 포토게이트의 설치 방향을 조정한다.

★ 두 포토게이트 사이의 적당한 간격은 실험자가 충분히 고민해 볼 필요가 있다. 충돌 과정과 충돌 전후에 여타의 외력(에어트랙의 기울음에 의한 경사면 방향의 중력의 분력, 글라이더와 에어트랙 간의 마찰력, 공기 저항력 등)이 작용하지 않는다면, 두 포토게이트 사이의 간격은 충돌 전후에 두 글라이더 위의 플래그가 포토게이트를 지날 수 있는 간격이면 아무런 문제가 되지 않는다. 하지만, 실제 실험에서는 여타의 외력이 작용하지 않는다는 우리 실험의 가정

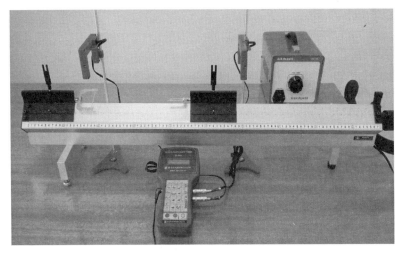

그림 8 탄성 충돌 실험의 구성

과는 달리 원치 않는 외력이 작용하여 두 포토게이트 사이의 간격에 따라 달리 글라이더의 속력을 변화시킬 수가 있다. 예를 들어 간격을 크게 하면 글라이더가 포토게이트를 지나는 동안에 외력이 작용하는 시간이 길어져 속력이 늘거나 줄어들 수도 있고, 간격을 작게 하면 충돌 과정에서의 글라이더의 흔들림 등이 바로 속력에 반영되어 정확하지 않은 속력으로 측정될 수도 있다. 이런 이유로 실험자는 실험 상황에 따라 두 포토게이트 사이의 적당한 간격을 고민하여 이를 실험에 반영해 보는 것도 좋은 실험 결과를 얻을 수 있는 방법이 될 것이다.

(a)

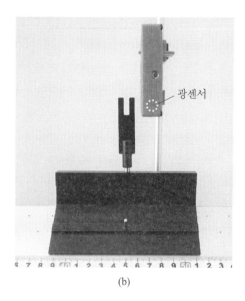

(b)

그림 9 (a), (b) 플래그의 ⊔ 모양의 홈이 포토게이트의 발광다이오드와 광센서를 잇는 가상의 선상을 지나도록 포토게이트의 높이를 조절한다.

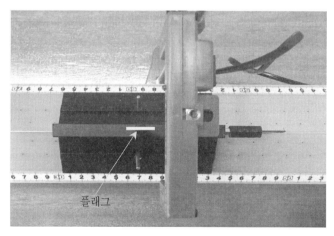

그림 10 포토게이트는 플래그와 수직하게 놓는다. 글라이더와 같은 검은 색깔의 플래그가 그림에서 잘 보이지 않아 플래그를 노란색 막대로 표시하였다.

(5) 연결잭으로 각각 포토게이트와 포토게이트 타이머를 연결한다. 그림 8과 같은 각도에서 봤을 때 왼쪽의 포토게이트를 타이머의 **1번** 단자에 연결하고, 오른쪽의 포토게이트를 타이머의 **2번** 단자에 연결한다.

주의를 요합니다.

★ 이후의 실험 과정에서, 포토게이트 타이머의 1번 단자에 연결한 포토게이트가 있는 쪽의 글라이더를 '1번 글라이더', 2번 단자에 연결한 포토게이트가 있는 쪽의 글라이더를 '2번 글라이더'라고 한다.

★ 이후의 실험 과정에서, 아래 첨자가 '1'인 문자의 물리량은 1번 글라이더와 관련된 양이고, 아래 첨자가 '2'인 문자의 물리량은 2번 글라이더와 관련된 양이다.

(6) 포토게이트 타이머의 전원(타이머 왼쪽 옆면에 전원스위치 있음)을 켠다. 그리고 'MEASUREMENT' 버튼을 눌러 측정모드를 속력인 'Speed-〉'에 두고, 'MODE' 버튼을 눌러 충돌 전후의 속력을 측정하는 'Speed-〉Collision' 모드가 되게 한다.

★ 'Speed-〉Collision' 모드는 하나의 포토게이트를 글라이더가 왔다갔다 두 번에 걸쳐 지날 때, 각각 지나는 속력을 측정해 준다. 우리의 실험에서는 2개의 포토게이트를 사용하므로 두 글라이더가 각각의 포토게이트를 왕복하여 지나는 경우, 한 번의 실험으로 4회의 속력을 측정해 준다.

[2] 탄성 충돌 실험

(i) $m_1 = m_2$, $v_{2i} = 0$ 인 경우

(1) 두 글라이더의 서로 마주보는 쪽에 각각 고무줄 범퍼를 장착한다. [그림 8 참조]

(2) 두 글라이더(플래그, 고무줄 범퍼 등의 부착물 포함)를 각각 저울에 달아보고 두 글라이더의 질량을 같게 한 후, 각각의 글라이더의 질량을 m_1, m_2라 하여 기록한다.

★ 글라이더에 추를 얹거나 접착테이프 등을 써서 미소질량의 물체를 부착시키는 방법으로 두 글라이더의 질량을 같게 할 수 있다.

★ 부착물을 부착한 글라이더의 질량은 대략 200 g이다. 그러므로 두 글라이더의 질량 차가 1~2 g 정도면 실험 결과에 미치는 정도가 미약하다고 할 수 있겠다. 그래서 '추를 얹거나 접착테이프 등을 써서 미소질량의 물체를 부착시키는 방법'이 여의치 않으면, 이러한 점을 고려하여 근소한 질량 차이에 있는 두 글라이더는 그 질량을 같다고 놓을 수 있을 것이다. 그리고 문제가 되는 부분은 오차 논의에서 다루면 되겠다.

(3) 공기펌프를 켜고 송풍의 세기를 '중간 정도'에 맞춘다.

★ 공기펌프의 송풍의 세기를 너무 약하게 하면 글라이더가 에어트랙 위에서 뜨지 않게 되고, 또 너무 세게 하면 그 소음이 무척 커져 실험 환경이 좋지 않아진다. 그래서 이런 점을 감안하여 송풍의 적당한 세기를 '중간 정도'로 제안한 것이다. 이에, 실험자는 '중간 정도'라는 값에 너무 연연해하지 말고 펌프의 상태나 실험 조건(글라이더에 질량이 추가되는 것)에 맞춰 적당한 송풍의 세기로 실험하면 된다.

(4) 2번 글라이더의 플래그가 2번 포토게이트의 왼쪽(앞쪽)으로 약 8~20cm 정도 떨어진 지점에 위치하게 하고, 이 상태에서 글라이더를 살짝 잡고 있도록 한다. 그리고 1번 글라이더는 1번 포토게이트의 왼쪽 에어트랙 끝에 닿는 위치에 둔다. [그림 8 참조]

(5) 포토게이트 타이머의 'START/STOP' 버튼을 눌러 포토게이트 타이머를 측정 대기 상태에 둔다. LCD 표시창에 '!'의 문자가 나타나면 타이머는 측정 대기 상태에 있게 된다.
★ 측정 후 재측정을 위해서는 'START/STOP'을 눌러 다시 '!' 문자가 나오게 하면 된다.

(6) 1번 글라이더를 흔들리지 않게 가볍게 밀어 운동시켜서 2번 글라이더와 충돌시킨다.
★ 충돌 속력이 다소 크면 충돌할 때 글라이더가 약간 들썩거리게 되어 플래그의 흔들림이나 에어트랙과의 마찰 등이 오차의 요인이 되기도 한다. 반면에 너무 느린 속력으로 충돌시키면 글라이더의 들썩거림은 피할 수 있으나 에어트랙의 정확하지 못한 수평 상태나 에어트랙에서 나오는 공기의 영향 등과 같이 보통은 아주 작은 기여를 하는 오차의 요인들이 상대적으로 작지 않은 기여를 할 수도 있다. 그러므로 이러한 점을 고려하여 실험자가 판단한 알맞은 속력으로 충돌시키면 좋은 실험 결과를 얻을 수 있겠다.

(※ 과정 (7)을 수행하기 전에 다음의 사항을 꼭 확인 해주기 바랍니다.)
★ 글라이더가 하나의 포토게이트를 두 번 지나야 포토게이트 타이머가 측정을 멈춘다. 그런데, '(i) $m_1 = m_2$, $v_{2i} = 0$ 인 경우'의 실험에서는 두 글라이더가 각각 포토게이트를 한 번씩 지나게 되어 타이머가 측정을 멈추지 않는다. 그러므로 이러한 경우에는 먼저 'START/STOP' 버튼을 눌러 타이머의 작동을 멈춘 후, 이어 'MODE' 버튼을 눌러가며 측정값을 확인하면 된다.
★ 포토게이트 타이머 시스템은 물체의 속력은 측정할 수 있으나, 그 운동 방향까지는 측정할 수 없다. 그리므로 LCD 표시창에 나타낸 측정값은 속력, 즉 속도의 크기로 스칼라량이다. 그런데, 우리가 실험에서 측정하고 확인하고자 하는 속도와 선운동량은 모두 벡터량이다. 그러므로 실험자는 포토게이트 타이머의 속력 측정값에다가 그 운동 방향을 +와 -의 부호를 붙여 벡터량인 속도로 나타내어야 한다. 이에 편리상, 그림 8과 같은 상태에서 왼쪽에서 오른쪽으로 운동하는 경우를 + 방향으로 하고, 오른쪽에서 왼쪽으로 운동하는 경우를 - 방향으로 하여 기술하도록 한다. 물론, 실험자가 임의로 이 방향을 반대로 바꿔서 기술하여도 아무 문제는 없다.

(7) LCD 표시창에 나타난 충돌 전후의 글라이더의 속력 측정값을 'MODE' 버튼을 눌러가며 확인하고, 이 속력 측정값에다가 각각 글라이더의 운동 방향을 +와 -의 부호로 나타내어 1번 글라이더의 충돌 전후의 속도를 v_{1i}^{exp}과 v_{1f}^{exp}로, 2번 글라이더의 충돌 전후의 속도를 v_{2i}^{exp}과 v_{2f}^{exp}로 기록한다.

★ LCD 표시창에 나타난 측정값 읽는 법
▶ 'MODE' 버튼을 누를 때마다 LCD 표시창에는 다음과 화면이 나온다.

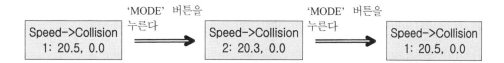

▸ '1:'은 1번(왼쪽) 포토게이트를 지나는 글라이더의 속력 측정값을 의미한다.

'20.5'는 1번 포토게이트를 첫 번째 지난 속력, 즉 1번 글라이더의 충돌 전의 속력.

'0'은 1번 포토게이트를 두 번째 지난 속력. 그런데, 이 충돌에서 1번 글라이더는 1번 포토게이트를 지나서 바로 충돌한 후 그 자리에 멈춰 서므로, 이 1번 포토게이트를 다시 지나지 않게 된다. 그래서 두 번째 지나는 속력 측정이 이루어지지 않아 '0'으로 기록된다.

▸ '2:'은 2번(오른쪽) 포토게이트를 지나는 글라이더의 속력 측정값을 의미한다.

'20.3'은 2번 포토게이트를 첫 번째 지난 속력, 즉 2번 글라이더의 충돌 후의 속력.

'0'은 2번 포토게이트를 두 번째 지난 속력. 그런데, 이 충돌에서 2번 글라이더는 처음 정지 상태에 있다가 1번 글라이더에 의한 충돌 후 2번 포토게이트를 지나게 되고, 이후 그 방향으로 계속 운동하므로 2번 포토게이트를 다시 지나지 않게 된다. 그래서 두 번째 지나는 속력 측정이 이루어지지 않아 '0'으로 기록된다.

▸ 속력의 측정 단위는 cm/s 이다.

▸ 이러한 측정값의 경우 다음과 같이 기록한다. 두 글라이더 모두 오른쪽으로 운동하므로 운동 방향은 + 부호로 나타낸다.

$$v_{1i}^{\exp} = +20.5\,\mathrm{cm/s}\,, \quad v_{1f}^{\exp} = 0\,\mathrm{cm/s}\,, \quad v_{2i}^{\exp} = 0\,\mathrm{cm/s}\,, \quad v_{2f}^{\exp} = +20.3\,\mathrm{cm/s}$$

(8) 과정 (7)의 두 글라이더의 충돌 전의 속도 측정값 $v_{1i}^{\exp}$과 $v_{2i}^{\exp}$를 각각 v_{1i}와 v_{2i}라고 하고, 이를 식 (20)에 대입하여 충돌 후의 속도 이론값 v_{1f}와 v_{2f}를 구한다.

$$v_{1f} = 0\,, \quad v_{2f} = v_{1i} \quad (\text{단},\ v_{1i} - v_{1i}^{\exp}\,,\ v_{2i} = v_{2i}^{\exp} = 0) \tag{20}$$

(9) 과정 (7)의 두 글라이더의 충돌 후의 속도 측정값 $v_{1f}^{\exp}$과 $v_{2f}^{\exp}$를 각각 과정 (8)의 속도 이론값 v_{1f}, v_{2f}와 비교하여 본다.

(10) 충돌과정에서 계의 선운동량이 보존되었는지를 확인하여 본다. 이를 위해서 과정 (7)의 속도 측정값을 식 (10)의 각각의 속도로 하여 아래의 식 (27)의 충돌 전의 선운동량에 대한 충돌 전후의 선운동량의 변화량의 비 R을 계산하여 본다. R이 0이면 계의 선운동량은 보존된 것이다.

$$m_1 v_{1i} + m_2 v_{2i} = m_1 v_{1f} + m_2 v_{2f} \tag{10}$$

$$p_i = m_1 v_{1i}^{\exp} + m_2 v_{2i}^{\exp}\,,\ p_f = m_1 v_{1f}^{\exp} + m_2 v_{2f}^{\exp}$$

$$R = \frac{p_i - p_f}{p_i} \times 100 \ (\%) \tag{27}$$

(※ 다음의 글을 확인 해주기 바랍니다.)

우리의 실험은 충돌하는 두 글라이더만의 고립계가 아니다! 그 주위에는 에어트랙과의 접촉에 의한 마찰도 있고 공기저항도 있고 중력도 있다. 그래서 앞서 이론에서 가정한 두 입자(실험에서는 두 글라이더)만으로 이루어진 고립계 내의 충돌 과정에서의 선운동량 보존을 완벽하게 만족할 수는 없다. 하지만, 다음의 이어지는 글과 같은 이유로 '근사적으로' 선운동량 보존을 확인할 수 있다.

선운동량 보존법칙은 '고립계'가 아닌 경우에도 첫 번째 근사로 적용할 수 있다. 예를 들어, 야구공을 방망이로 치는 경우나 차량의 충돌과 같이 물리적인 작용이 짧은 시간동안 진행되는 대부분의 충돌에 있어서, 계의 내력(야구공과 방망이 사이에 작용하는 힘, 차량 사이에 작용하는 힘)은 외력(야구공과 방망이에 작용하는 중력과 공기 저항력, 차량들에 작용하는 중력과 공기 저항력 그리고 지면과의 마찰)보다 훨씬 크게 작용한다. 이 경우, 물리적인 작용 직후의 물체들의 신운동량은 거의 내력에 의해 결정되며, 계에 작용하는 외력은 계의 총 선운동량을 눈에 띄게 바꾸지는 못한다.

(11) 이와 같은 탄성 충돌은 충돌 과정에서 운동에너지가 보존되는 충돌이다. 그래서 이론적으로는 에너지가 손실되지 않지만, 실험에서는 공기 저항이나 마찰 등의 이유로 에너지가 손실될 수도 있다. 이렇게 충돌 과정에서 에너지가 손실되는 정도를 운동에너지 손실률 A 라 하여 계산하여 본다.

$$A = \frac{K_i - K_f}{K_i} \times 100 = \frac{\frac{1}{2}\left[(m_1(v_{1i}^{\exp})^2 + m_2(v_{2i}^{\exp})^2\right] - \frac{1}{2}\left[(m_1(v_{1f}^{\exp})^2 + m_2(v_{2f}^{\exp})^2\right]}{\frac{1}{2}\left[m_1(v_{1i}^{\exp})^2 + m_2(v_{2i}^{\exp})^2\right]} \times 100 \% \quad (28)$$

(12) 과정 (4)~(11)을 2회 더 수행한다.

(ii) $m_1 \neq m_2$, $v_{2i} = 0$ 인 경우

1번 또는 2번 글라이더의 양 옆에 난 핀에 100g(또는 그 이상) 정도의 추를 얹어 두 글라이더의 질량을 다르게 한 상태에서, '[2] 탄성 충돌 실험 – (i) $m_1 = m_2$, $v_{2i} = 0$ 인 경우'와 동일한 방법으로 실험한다. 단, 과정 (8)을 수행할 때 식 (18)을 사용한다.

$$v_{1f} = \left(\frac{m_1 - m_2}{m_1 + m_2}\right)v_{1i}, \quad v_{2f} = \left(\frac{2m_1}{m_1 + m_2}\right)v_{1i} \quad (단, v_{1i} = v_{1i}^{\exp}, v_{2i} = v_{2i}^{\exp} = 0) \quad (18)$$

★LCD 표시창에 나타난 측정값 읽는 법
1번 글라이더의 질량이 더 큰 경우, '실험 [2]–(i)'에서와는 달리 1번 글라이더는 충돌 후 정지하지 않고 느리게나마 처음 운동 방향(오른쪽)으로 더 운동하여 2번 포토게이트를 지나게 된다.

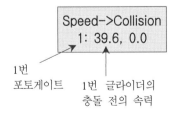
1번 포토게이트
1번 글라이더의 충돌 전의 속력

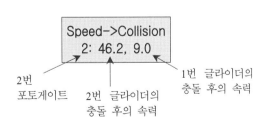
2번 포토게이트
2번 글라이더의 충돌 후의 속력
1번 글라이더의 충돌 후의 속력

그러면, 타이머는 2번 포토게이트를 두 번째 지난 속력을 측정하는데, 이 속력 측정값이 1번 글라이더의 충돌 후의 속도 $v_{1f}^{\exp}$의 크기가 된다. 그리고 이 경우에는 1번 글라이더의 충돌 후의 운동 방향이 충돌 전과 같이 오른쪽이므로, <u>충돌 후의 속도 $v_{1f}^{\exp}$의 부호는 ＋로 표기한다.</u>

한편, <u>1번 글라이더의 질량이 더 작은 경우</u>에는, 1번 글라이더는 충돌 후 튕겨 나와 느리게나마 처음 운동 방향(오른쪽)과는 반대 방향(왼쪽)으로 운동하여 1번 포토게이트를 다시 지나게 된다.

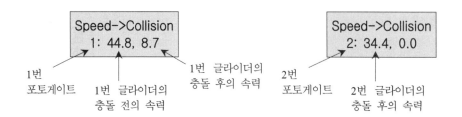

그러면, 타이머는 1번 포토게이트를 두 번째 지난 속력을 측정하는데, 이 속력 측정값이 1번 글라이더의 충돌 후의 속도 $v_{1f}^{\exp}$의 크기가 된다. 그리고 이 경우에는 1번 글라이더의 충돌 후의 운동 방향이 충돌 전의 오른쪽 방향과는 반대로 왼쪽이므로, <u>충돌 후의 속도 $v_{1f}^{\exp}$의 부호는 －로 표기한다.</u>

(iii) $m_1 = m_2$, $v_{2i} \neq 0$ 인 경우

두 글라이더의 질량을 같게 한 상태에서, 두 글라이더를 에어트랙의 양쪽 끝에 두고 두 글라이더가 마주보고 달려와 충돌할 수 있도록 두 글라이더를 가볍게 밀어 운동시켜 충돌시키며 '[2] 탄성 충돌 실험 – (i) $m_1 = m_2$, $v_{2i} = 0$ 인 경우'와 동일한 방법으로 실험한다. 단, 과정 (8)을 수행할 때 식 (19)를 사용한다. 그리고 두 글라이더 위의 플래그는 충돌 전에 반드시 각각의 포토게이트를 지나야 하므로, 이러한 충돌 조건이 만족되도록 주의를 기울여 충돌시킨다.

$$v_{1f} = v_{2i}, \qquad v_{2f} = v_{1i} \qquad (단, \ v_{1i} = v_{1i}^{\exp}, \ v_{2i} = v_{2i}^{\exp}) \tag{19}$$

★ 서로 마주보고 달려오는 두 글라이더는 서로 반대방향으로 운동하는 것이므로 이때 두 글라이더의 속도의 부호는 반대가 되어야 한다. 그러므로 오른쪽으로 운동하는 1번 글라이더의 속도 부호를 ＋로 하였으므로, 왼쪽으로 운동하는 2번 글라이더의 속도 부호는 －로 한다. 그리고 충돌 후에는 두 글라이더가 각각 처음에 달려왔던 방향과는 반대 방향으로 운동하게 되므로, 이때의 글라이더들의 속도 부호는 1번 글라이더는 －, 2번 글라이더는 ＋가 된다.

(iv) $m_1 \neq m_2$, $v_{2i} \neq 0$ 인 경우

1번 또는 2번 글라이더의 양 옆에 난 핀에 100g(또는 그 이상) 정도의 추를 얹어 두 글라이더의 질량을 다르게 한 상태에서, 두 글라이더를 에어트랙의 양쪽 끝에 두고 두 글라이더가 마주보고 달려와 충돌할 수 있도록 두 글라이더를 가볍게 밀어 운동시켜 충돌시키며 '[2] 탄성 충돌 실험 – (i) $m_1 = m_2$, $v_{2i} = 0$ 인 경우'와 동일한 방법으로 실험한다. 단, 과정 (8)을 수행할 때 식 (17)을 사용한다. 그리고 두 글라이더 위의 플래그는 충돌 전에 반드시 각각의 포토

게이트를 지나야 하므로, 이러한 충돌 조건이 만족되도록 주의를 기울여 충돌시킨다.

$$v_{1f} = \left(\frac{m_1 - m_2}{m_1 + m_2}\right)v_{1i} + \left(\frac{2m_2}{m_1 + m_2}\right)v_{2i}$$

$$v_{2f} = \left(\frac{2m_1}{m_1 + m_2}\right)v_{1i} + \left(\frac{m_2 - m_1}{m_1 + m_2}\right)v_{2i} \qquad (\text{단, } v_{1i} = v_{1i}^{\exp}, \ v_{2i} = v_{2i}^{\exp}) \quad (17)$$

★ 이 실험에서는 두 글라이더의 충돌 전의 운동방향은 서로 반대 방향이나, 충돌 후에는 두 글라이더의 질량의 상대성에 따라 같은 방향으로도 또는, 각기 다른 방향으로도 운동할 수 있다. 이러한 운동에서의 속도의 부호는 실험 [2]–(iii)의 경우를 참조하여 사용한다.

[3] 완전비탄성 충돌 실험

(i) $m_1 = m_2$, $v_{2i} = 0$ 인 경우

(1) '[2] 탄성 충돌 실험'에서 글라이더에 부착하여 사용한 고무줄 범퍼를 제거하고 그 자리에 찰흙 범퍼를 단다.

(2) '[2] 탄성 충돌 실험 – (i) $m_1 = m_2$, $v_{2i} = 0$ 인 경우' 실험의 과정 (2)~(6)과 동일한 과정을 수행한다.

(3) LCD 표시창에 나타난 충돌 전후의 글라이더의 속력 측정값을 'MODE' 버튼을 눌러가며 확인하고, 이 속력 측정값에다가 각각 글라이더의 운동 방향을 +와 −의 부호로 나타내어 1번 글라이더와 2번 글라이더의 충돌 전의 속도를 각각 $v_{1i}^{\exp}$과 $v_{2i}^{\exp}$로, <u>충돌 후에 붙어 운동하는 두 글라이더의 속도를 $v_f^{\exp}$로</u> 기록한다.

★ LCD 표시창에 나타난 측정값 읽는 법
충돌 후 두 포토게이트가 붙어 운동하므로 2번 포토게이트에는 1, 2번 글라이더가 연속으로 지나게 된다. 이때, <u>우리에게 필요한 값은 충돌 직후의 속도이므로, 먼저 포토게이트를 지나는 2번 글라이더의 속력 측정값을 사용한다.</u>

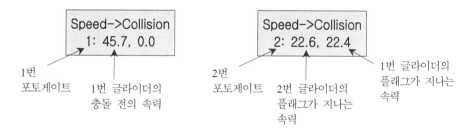

공기 저항이나 마찰 등이 작용하지 않고 에어트랙이 수평을 이루면, 충돌 후 글라이더는 일정한 속력으로 운동할 것이다. 그러면 충돌 후 붙어 운동하는 두 글라이더의 플래그가 2번 포토게이트를 지나는 속력은 똑같을 것이다. 하지만, 그렇지 않다면 충돌 후 2번 포토게이트를 지나기까지 2번 글라이더 보다 조금이라도 더 운동하게 되는 1번 글라이더는 그 속력이 조금이라도 늦어

지거나 아니면 오히려 (에어트랙의 기울기에 의해) 조금이라도 빨라 질 수 있다. 그러므로 우리는 충돌 직후에 가까운 속력인 2번 글라이더가 포토게이트를 지나는 속력값을 사용하는 게 옳다.

(4) 과정 (3)의 두 글라이더의 충돌 전의 속도 측정값 v_{1i}^{exp}과 v_{2i}^{exp}를 각각 v_{1i}와 v_{2i}라고 하고, 이를 식 (26)에 대입하여 충돌 후의 속도 이론값 v_f를 구한다.

$$v_f = \frac{1}{2}v_{1i} \quad (\text{단, } v_{1i} = v_{1i}^{\mathrm{exp}}, \ v_{2i} = v_{2i}^{\mathrm{exp}} = 0) \tag{26}$$

(5) 과정 (3)의 두 글라이더의 충돌 후의 속도 측정값 v_f^{exp}와 과정 (4)의 속도 이론값 v_f를 비교하여 본다.

(6) 충돌과정에서 계의 선운동량이 보존되었는지를 확인하여 본다. 이를 위해서 과정 (3)의 속도 측정값을 식 (22)의 각각의 속도로 하여 아래의 식 (27)의 충돌 전의 선운동량에 대한 충돌 전후의 선운동량의 변화량의 비 R을 계산하여 본다. R이 0이면 계의 선운동량은 보존된 것이다.

$$m_1 v_{1i} + m_2 v_{2i} = (m_1 + m_2)v_f \tag{22}$$

$$p_i = m_1 v_{1i}^{\mathrm{exp}} + m_2 v_{2i}^{\mathrm{exp}}, \ p_f = (m_1 + m_2)v_f^{\mathrm{exp}}$$

$$R = \frac{p_i - p_f}{p_i} \times 100 \ (\%) \tag{27}$$

(7) 이와 같은 완전비탄성 충돌은 충돌 과정에서 운동에너지가 손실되는 충돌이다. 충돌 과정에서 에너지가 손실되는 정도를 알아보기 위해서 운동에너지 손실률 A를 계산하여 본다.

$$A = \frac{K_i - K_f}{K_i} \times 100 = \frac{\frac{1}{2}\left[(m_1(v_{1i}^{\mathrm{exp}})^2 + m_2(v_{2i}^{\mathrm{exp}})^2\right] - \frac{1}{2}(m_1 + m_2)(v_f^{\mathrm{exp}})^2}{\frac{1}{2}\left[m_1(v_{1i}^{\mathrm{exp}})^2 + m_2(v_{2i}^{\mathrm{exp}})^2\right]} \times 100 \ (\%)$$
$$\tag{28}$$

(8) 과정 (2)~(7)을 2회 더 수행한다.

(ii) $m_1 \neq m_2$, $v_{2i} = 0$ 인 경우

1번 또는 2번 글라이더의 양 옆에 난 핀에 100g(또는 그 이상) 정도의 추를 얹어 두 글라이더의 질량을 다르게 한 상태에서, '[3] 완전비탄성 충돌 실험 – (i) $m_1 = m_2$, $v_{2i} = 0$ 인 경우'와 동일한 방법으로 실험한다. 단, 과정 (4)를 수행할 때 식 (24)를 사용한다.

$$v_f = \left(\frac{m_1}{m_1 + m_2}\right)v_{1i} \quad (\text{단, } v_{1i} = v_{1i}^{\mathrm{exp}}) \tag{24}$$

(iii) $m_1 = m_2$, $v_{2i} \neq 0$ 인 경우

두 글라이더의 질량을 같게 한 상태에서, 두 글라이더를 에어트랙의 양쪽 끝에 두고 두 글라이더가 마주보고 달려와 충돌할 수 있도록 두 글라이더를 가볍게 밀어 운동시켜 충돌시키며 '[3] 완전비탄성 충돌 실험 − (i) $m_1 = m_2$, $v_{2i} = 0$ 인 경우'와 동일한 방법으로 실험한다. 단, 과정 (4)를 수행할 때 식 (25)를 사용한다. 그리고 두 글라이더 위의 플래그는 충돌 전에 반드시 각각의 포토게이트를 지나야 하므로, 이러한 충돌 조건이 만족되도록 주의를 기울여 충돌시킨다.

$$v_f = \frac{1}{2}\left(v_{1i} + v_{2i}\right) \qquad \left(\text{단, } v_{1i} = v_{1i}^{\text{exp}}, \ v_{2i} = v_{2i}^{\text{exp}}\right) \tag{25}$$

(iv) $m_1 \neq m_2$, $v_{2i} \neq 0$ 인 경우

1번 또는 2번 글라이더의 양 옆에 난 핀에 100g(또는 그 이상) 정도의 추를 얹어 두 글라이더의 질량을 다르게 한 상태에서, 두 글라이더를 에어트랙의 양쪽 끝에 두고 두 글라이더가 마주보고 달려와 충돌할 수 있도록 두 글라이더를 가볍게 밀어 운동시켜 충돌시키며 '[3] 완전비탄성 충돌 실험 − (i) $m_1 = m_2$, $v_{2i} = 0$ 인 경우'와 동일한 방법으로 실험한다. 단, 과정 (4)를 수행할 때 식 (23)을 사용한다. 그리고 두 글라이더 위의 플래그는 충돌 전에 반드시 각각의 포토게이트를 지나야 하므로, 이러한 충돌 조건이 만족되도록 주의를 기울여 충돌시킨다.

$$v_f = \left(\frac{m_1}{m_1 + m_2}\right)v_{1i} + \left(\frac{m_2}{m_1 + m_2}\right)v_{2i} \qquad \left(\text{단, } v_{1i} = v_{1i}^{\text{exp}}, \ v_{2i} = v_{2i}^{\text{exp}}\right) \tag{23}$$

6. 실험 전 학습에 대한 질문

실험 제목	충돌의 해석 - 1차원 충돌			실험일시	
학과 (요일/교시)			조		보고서 작성자 이름	

* 다음의 물음에 대하여 괄호 넣기나 번호를 써서, 또는 간단히 기술하는 방법으로 답하여라.

1. 속도 $\vec{v}$로 움직이는 질량 m의 물체에 대하여 이 물체의 질량과 속도의 곱

$$\vec{p} \equiv m\vec{v}$$

으로 정의되는 물리량을 (   )이라고 한다. 이 (   )은 물체가 가지는 운동의 양이며, 물체의 운동을 멈추게 하기 어려운 정도를 나타낸다.

2. 고립계 또는 여타의 외력이 작용하지 않는 계 내에서의 충돌 과정에서 계의 총 (   ) 은 보존된다. 이를 (   ) 보존법칙이라고 한다. 이 법칙은 역학에서 가장 중요한 법칙 중의 하나이며, 공간 병진에 대하여 변하지 않는 대칭성의 결과이다. 이 (   ) 보존법 칙은 충돌, 폭발, 방사성 붕괴, 핵반응 등의 모든 종류의 상호작용에 대해 성립한다.

3. 두 입자로 이루어진 고립계 내에서 질량 m_1의 입자가 $\vec{v}_{1i}$의 속도로 운동하여 $\vec{v}_{2i}$의 속도로 운동하는 질량 m_2의 입자에 정면(1차원)으로 충돌한 상황을 나타낸 것이다. 이 충돌 과정에 서의 선운동량 보존 결과를 문제에서 주어진 문자로 써 보아라.

$$m_1 v_{1i} + (\qquad\qquad\qquad\qquad)$$

그림 3 고립계 내에서 두 입자가 정면충돌 한 후, 충돌 전과는 각기 다른 속도로 운동하였다.

4. 두 입자의 충돌 전후의 상대 속도의 비로 정의되는 반발계수 e의 영역에 따라 충돌의 종류 를 구분 짓는데, 이 반발계수가 1인 충돌을 (   ) 충돌이라고 하고, 반발계수가 0인 충돌 을 (   ) 충돌이라고 한다.

5. 다음의 괄호에 적합한 말은? (   )

> 탄성 충돌은 충돌 과정에서 ( )가 보존되는 충돌이므로, 충돌 과정에서 ( )의 손실은 없다.

① 힘   ② 운동에너지

6. 질량이 같은 두 글라이더 중 한 글라이더를 정지 상태($v_{2i} = 0$)로 둔 상태에서, 다른 글라이더를 v_{1i}의 속도로 운동시켜 정면(1차원) 탄성 충돌시켰다고 하자. 충돌 과정에서 마찰이나 공기저항 등의 여타의 외력은 작용하지 않았다고 하면, 충돌 후의 두 글라이더의 속도는 각각 어떻게 될까? 단, 처음 속도가 v_{1i}인 글라이더의 충돌 후의 속도를 v_{1f}, 처음 속도가 v_{2i}인 글라이더의 충돌 후의 속도를 v_{2f}라고 하자. (   )

① $v_{1f} = 0$, $v_{2f} = 0$ ② $v_{1f} = 0$, $v_{2f} = v_{1i}$

③ $v_{1f} = v_{1i}$, $v_{2f} = 0$ ④ $v_{1f} = v_{2f} = \dfrac{1}{2}v$

7. 질량이 같은 두 글라이더 중 한 글라이더를 정지 상태($v_{2i} = 0$)로 둔 상태에서, 다른 글라이더를 v_{1i}의 속도로 운동시켜 정면(1차원) 완전비탄성 충돌시켰다고 하자. 충돌 과정에서 마찰이나 공기 저항 등의 여타의 외력은 작용하지 않았다고 하면, 충돌 후에 붙어 운동하는 두 글라이더의 속도는 어떻게 될까? (   )

① $\dfrac{1}{4}v_{1i}$ ② $\dfrac{1}{2}v_{1i}$ ③ 0   ④ v_{1i} ⑤ $2v_{1i}$

8. 다음 중 이 실험에서 사용하는 실험 기구가 아닌 것은? (   )
① 에어트랙   ② 공기펌프   ③ 글라이더
④ 초시계   ⑤ 포토게이트 타이머 시스템

9. '탄성 충돌' 실험에서는 충돌하는 두 글라이더의 마주보는 쪽에 각각 (   ) 범퍼를 장착하고, '완전비탄성 충돌' 실험에서는 두 글라이더의 마주보는 쪽에 (   ) 범퍼를 장착한다.

10. 이 실험에서는 글라이더의 충돌 전후의 속력을 측정하는 데, 이때 사용하는 포토게이트 타이머의 측정모드는?
Speed -> (   )

11. 다음은 탄성 충돌 실험에서 충돌 전후에 각각의 포토게이트를 지나는 두 글라이더의 속력 측정값을 포토게이트 타이머의 (   ) 버튼을 눌러가며 확인하는 과정을 나타낸 것이다. 괄호에 적합한 단어는?

```
                        ( ) 버튼을                      ( ) 버튼을
                         누른다                          누른다
  ┌─────────────────┐          ┌─────────────────┐          ┌─────────────────┐
  │ Speed->Collision │   ──▶   │ Speed->Collision │   ──▶   │ Speed->Collision │
  │ 1: 20.5, 0.0     │          │ 2: 20.3, 0.0     │          │ 1: 20.5, 0.0     │
  └─────────────────┘          └─────────────────┘          └─────────────────┘
```

12. 선운동량의 단위는 SI 단위계에서 (   )이다.

7. 결과

실험 제목	충돌의 해석 – 1차원 충돌		실험일시	
학과 (요일/교시)		조	보고서 작성자 이름	

[1] 실험값

(1) 탄성 충돌 실험

① $m_1 = m_2$, $v_{2i} = 0$ 인 경우

○ 글라이더의 질량: $m_1 =$ g, $m_2 =$ g

○ 충돌 후의 속도의 측정값과 이론값 비교   단위: cm/s

회	$v_{1i}^{\exp}$	$v_{2i}^{\exp}$	$v_{1f}^{\exp}$	$v_{2f}^{\exp}$	v_{1f}	v_{2f}	$\dfrac{v_{1f} - v_{1f}^{\exp}}{v_{1f}} \times 100$	$\dfrac{v_{2f} - v_{2f}^{\exp}}{v_{2f}} \times 100$
1		0						
2		0						
3		0						
평균								

○ 선운동량 보존 여부 확인과 운동에너지 손실률 계산   단위: g · cm/s

회	p_i	p_f	$p_i - p_f$	$R\left(= \dfrac{p_i - p_f}{p_i} \times 100\right)$	A
1					
2					
3					
평균					

② $m_1 \neq m_2$, $v_{2i} = 0$ 인 경우

○ 글라이더의 질량: $m_1 =$ g, $m_2 =$ g

○ 충돌 후의 속도의 측정값과 이론값 비교   단위: cm/s

회	v_{1i}^{exp}	v_{2i}^{exp}	v_{1f}^{exp}	v_{2f}^{exp}	v_{1f}	v_{2f}	$\dfrac{v_{1f} - v_{1f}^{\mathrm{exp}}}{v_{1f}} \times 100$	$\dfrac{v_{2f} - v_{2f}^{\mathrm{exp}}}{v_{2f}} \times 100$
1		0						
2		0						
3		0						
평균								

○ 선운동량 보존 여부 확인과 운동에너지 손실률 계산   단위: g · cm/s

회	p_i	p_f	$p_i - p_f$	$R\left(= \dfrac{p_i - p_f}{p_i} \times 100\right)$	A
1					
2					
3					
평균					

③ $m_1 = m_2$, $v_{2i} \neq 0$ 인 경우

○ 글라이더의 질량: $m_1 =$ g, $m_2 =$ g

○ 충돌 후의 속도의 측정값과 이론값 비교   단위: cm/s

회	v_{1i}^{exp}	v_{2i}^{exp}	v_{1f}^{exp}	v_{2f}^{exp}	v_{1f}	v_{2f}	$\dfrac{v_{1f} - v_{1f}^{\mathrm{exp}}}{v_{1f}} \times 100$	$\dfrac{v_{2f} - v_{2f}^{\mathrm{exp}}}{v_{2f}} \times 100$
1								
2								
3								
평균								

○ 선운동량 보존 여부 확인과 운동에너지 손실률 계산   단위: g · cm/s

회	p_i	p_f	$p_i - p_f$	$R\left(= \dfrac{p_i - p_f}{p_i} \times 100\right)$	A
1					
2					
3					
평균					

④ $m_1 \neq m_2$, $v_{2i} \neq 0$ 인 경우

○ 글라이더의 질량: $m_1 =$ g, $m_2 =$ g

○ 충돌 후의 속도의 측정값과 이론값 비교   단위: cm/s

회	v_{1i}^{exp}	v_{2i}^{exp}	v_{1f}^{exp}	v_{2f}^{exp}	v_{1f}	v_{2f}	$\dfrac{v_{1f}-v_{1f}^{\mathrm{exp}}}{v_{1f}}\times100$	$\dfrac{v_{2f}-v_{2f}^{\mathrm{exp}}}{v_{2f}}\times100$
1								
2								
3								
평균								

○ 선운동량 보존 여부 확인과 운동에너지 손실률 계산   단위: g · cm/s

회	p_i	p_f	$p_i - p_f$	$R\left(=\dfrac{p_i-p_f}{p_i}\times100\right)$	A
1					
2					
3					
평균					

(2) 완전비탄성 충돌

① $m_1 = m_2$, $v_{2i} = 0$ 인 경우

○ 글라이더의 질량: $m_1 =$ g, $m_2 =$ g

○ 충돌 후의 속도의 측정값과 이론값 비교   단위: cm/s

회	v_{1i}^{exp}	v_{2i}^{exp}	v_{f}^{exp}	v_f	$\dfrac{v_f-v_f^{\mathrm{exp}}}{v_f}\times100$
1		0			
2		0			
3		0			
평균					

○ 선운동량 보존 여부 확인과 운동에너지 손실률 계산 　　　　　　　　　　　　단위: g · cm/s

회	p_i	p_f	$p_i - p_f$	$R\left(=\dfrac{p_i - p_f}{p_i} \times 100\right)$	A
1					
2					
3					
평균					

② $m_1 \neq m_2$, $v_{2i} = 0$ 인 경우

○ 글라이더의 질량: $m_1 =$ 　　　　 g, $m_2 =$ 　　　　 g

○ 충돌 후의 속도의 측정값과 이론값 비교 　　　　　　　　　　　　단위: cm/s

회	v_{1i}^{exp}	v_{2i}^{exp}	v_f^{exp}	v_f	$\dfrac{v_f - v_f^{\mathrm{exp}}}{v_f} \times 100$
1		0			
2		0			
3		0			
평균					

○ 선운동량 보존 여부 확인과 운동에너지 손실률 계산 　　　　　　　　　　　　단위: g · cm/s

회	p_i	p_f	$p_i - p_f$	$R\left(=\dfrac{p_i - p_f}{p_i} \times 100\right)$	A
1					
2					
3					
평균					

③ $m_1 = m_2$, $v_{2i} \neq 0$ 인 경우

○ 글라이더의 질량: $m_1 =$ 　　　　 g, $m_2 =$ 　　　　 g

○ 충돌 후의 속도의 측정값과 이론값 비교 　　　　　　　　　　　　단위: cm/s

회	v_{1i}^{exp}	v_{2i}^{exp}	v_f^{exp}	v_f	$\dfrac{v_f - v_f^{\mathrm{exp}}}{v_f} \times 100$
1					
2					
3					
평균					

○ 선운동량 보존 여부 확인과 운동에너지 손실률 계산   단위: g·cm/s

회	p_i	p_f	$p_i - p_f$	$R\left(=\dfrac{p_i-p_f}{p_i}\times100\right)$	A
1					
2					
3					
평균					

④ $m_1 \neq m_2$, $v_{2i} \neq 0$ 인 경우

○ 글라이더의 질량: $m_1 = \qquad$ g, $m_2 = \qquad$ g

○ 충돌 후의 속도의 측정값과 이론값 비교   단위: cm/s

회	v_{1i}^{exp}	v_{2i}^{exp}	v_f^{exp}	v_f	$\dfrac{v_f-v_f^{\mathrm{exp}}}{v_f}\times100$
1					
2					
3					
평균					

○ 선운동량 보존 여부 확인과 운동에너지 손실률 계산   단위: g·cm/s

회	p_i	p_f	$p_i - p_f$	$R\left(=\dfrac{p_i-p_f}{p_i}\times100\right)$	A
1					
2					
3					
평균					

[2] 결과 분석

[3] 오차 논의 및 검토

[4] 결론

탄환의 속도 측정

1. 실험 목적

탄동진자를 이용하여 탄환의 발사속도를 측정한다. 그리고 이 과정에서 적용한 선운동량 보존법칙과 역학적 에너지 보존법칙을 이해한다.

2. 실험 개요

탄동진자를 이용하여 탄환(쇠구슬)의 발사장치에서 발사되는 탄환의 발사속도를 측정한다. 탄동진자는 막대 모양으로, 한쪽 끝은 탄환과 완전비탄성 충돌하도록 만들어진 탄환받이가 있으며 다른 쪽 끝은 회전축에 매달려 자유롭게 회전할 수 있는 장치이다. 탄환을 이 탄동진자에 입사시키면, 탄환이 박힌 탄동진자는 회전축에 대하여 회전하여 회전의 정점에서 일시적으로 정지하게 된다. 이러한 충돌과정과 충돌 후 관찰되는 운동 상태에 대해, 선운동량 보존법칙과 역학적 에너지 보존법칙을 적용하여 탄환의 발사 속도를 알아낸다. 한편, 탄환의 속도의 참값을 얻기 위하여 탄환을 포물체 운동시키고 수평도달거리를 측정함으로써 탄환의 발사속도를 구한다. 탄동진자를 이용하여 얻은 탄환의 속도를 실험값으로 하고, 포물체 운동을 해석하여 얻은 탄환의 속도를 이론값으로 하여 두 값을 비교하여 그 일치를 확인한다. 이 과정에서 탄동진자를 이용하여 탄환의 속도를 측정하는 방법이 옳음을 확인하고, 이를 통해서 충돌과정에서 선운동량이 보존되는 것과 보존력장하에서 역학적 에너지가 보존됨을 이해한다.

3. 기본 원리

[1] 탄동진자를 이용한 탄환의 속도 구하기

다음의 그림 1과 같이 질량이 m인 탄환이 속도 v로 수평하게 날아와 정지해 있는 질량이 M인 탄동진자에 박혀 함께 운동하는 완전비탄성 충돌을 논의해 보자. 단, 탄환과 탄동진자는

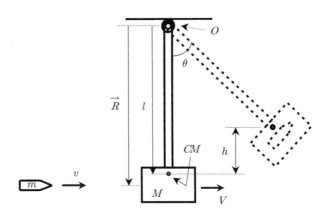

그림 1 질량이 m인 탄환이 수평하게 날아가 질량이 M인 탄동진자에 박힌 후 질량중심의
위치가 높이 h 만큼 올라가는 운동을 하였다.

질점(point particle)으로 가정한다. 이러한 충돌 과정에서 작용하는 외력(중력, 회전축의 마찰
력 등등)은 내력(충격력)에 비해 무시할 수 있을 정도로 작으므로 외력은 없다고 가정한다. 그
러면, 충돌 과정에서 탄환과 탄동진자로 이루어진 계의 총 선운동량은 보존된다. 즉, 충돌 전
의 탄환의 선운동량은 충돌 후 탄환이 박힌 탄동진자의 선운동량과 같다. 그리고 이 충돌은 1
차원 충돌이므로,

$$mv = (m + M) V \tag{1}$$

이다. 한편, 탄환의 충돌 후 탄환이 박힌 탄동진자는 초속도 V로 운동하여 그 질량중심
(center of mass, CM)이 h의 높이에 이르러 일시적으로 정지하는 운동을 하게 된다. 이 과정
에서 회전축과 탄동진자와의 마찰력, 공기 저항력 등의 여타의 비보존력이 작용하지 않는다고
하면 계의 역학적 에너지는 보존된다. 그러므로 탄환이 박힌 탄동진자의 운동에너지는 높이 h
에서의 위치에너지로 전환된다. 즉,

$$\frac{1}{2}(m + M) V^2 = (m + M)gh \tag{2}$$

이다. 식 (2)로부터 탄환이 박힌 탄동진자의 초속도는

$$V = \sqrt{2gh} \tag{3}$$

이고, 이 속도 V를 식 (1)에 대입하면 충돌 전의 탄환의 입사속도는

$$v = \frac{m + M}{m} \sqrt{2gh} \tag{4}$$

이 된다. 한편, 그림 1에서 회전축으로부터 탄환이 박힌 탄동진자의 질량중심까지의 거리를 l
이라 하고 탄동진자의 연직선에 대한 회전각을 θ라고 하면, 식 (4)의 탄환의 입사속도는

$$v = \frac{m+M}{m} \sqrt{2gl(1-\cos\theta)} \tag{5}$$

로도 나타낼 수 있다. 이로써, 탄환의 질량 m과 탄동진자의 질량 M, 그리고 충돌 후의 탄동
진자의 질량 중심의 높이 변화 h 또는 회전축으로부터 탄환이 박힌 탄동진자의 질량중심까지
의 거리 l과 진자의 회전각 θ를 측정한다면 충돌 전의 탄환의 입사속도를 알아낼 수 있다.

[2] 포물체 운동의 수평도달거리를 이용한 탄환의 속도 구하기

다음의 그림 2는 같이 높이 H인 지점에서 수평면과 나란하게 초속도 v_0로 투사된 물체가
포물체 운동을 하여 수평도달거리 x_D 지점에 도달하는 상황을 묘사한 것이다. 이렇게 공간으
로 투사된 물체(포물체)는 공기 저항이 없다는 가정 하에서 수평 방향으로는 등속도 운동을
하고, 수직 방향으로는 중력가속도의 등가속도 운동을 한다. 이러한 사실을 이용하여 포물체의
운동을 x축 방향의 등속도 운동과 y축의 등가속도 운동으로 나누어 기술하고 이를 연립하여
포물체의 수평도달거리 x_D를 구하여 보자.

x축 방향(등속도 운동): $v_x = v_{x0} = v_0$

$$x = x_0 + v_{x0}t + \frac{1}{2}a_x t^2 \;\Rightarrow\; x = v_0 t \tag{6}$$

y축 방향(등가속도 운동): $v_y = v_{y0} + a_y t \;\Rightarrow\; v_y = -gt$

$$y = y_0 + v_{y0}t + \frac{1}{2}a_y t^2 \;\Rightarrow\; y = H - \frac{1}{2}gt^2 \tag{7}$$

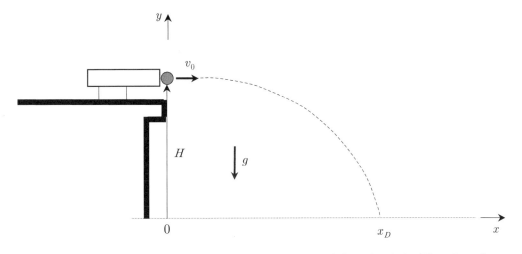

그림 2 높이 H 지점에서 수평면과 나란하게 초속도 v_0로 투사된 물체는 수평 방향으로는 등속도
운동을 하고, 수직 방향으로는 중력가속도의 등가속도 운동을 한다.

포물체가 공간에 떠 있는 시간, 즉 체공시간을 t_D라고 하고, 이 시간을 식 (7)에 대입하여 t_D에 관해 정리하면,

$$y = H - \frac{1}{2}gt^2 \;\Rightarrow\; 0 = H - \frac{1}{2}gt_D^2 \;\Rightarrow\; t_D = \sqrt{\frac{2H}{g}} \tag{8}$$

이 되는데, 이 체공시간 t_D를 식 (6)에 대입하면 수평도달거리 x_D는

$$x = v_0 t \;\Rightarrow\; x_D = v_0 t_D \;\Rightarrow\; x_D = v_0 \sqrt{\frac{2H}{g}} \tag{9}$$

이 된다.

한편, 위 식 (9)를 속도 v_0에 관해 정리하면

$$v_0 = x_D \sqrt{\frac{g}{2H}} \tag{10}$$

이 된다. 이 식 (10)의 속도가 수평 방향으로 투사된 물체의 초속도인데, 이와 같이 수평 방향으로 투사된 물체의 초속도는 투사된 물체의 낙하높이 H와 수평도달거리 x_D의 측정으로 구할 수 있다.

4. 실험 기구

○ 탄동진자 실험장치 [그림 3 참조]
  • 탄환 발사장치
  • 탄동진자
  • 탄환(쇠구슬)
  • 실험장치대
  • 실험장치대 고정용 클램프
  • 각도계: 실험장치대에 부착되어 있음.
  • 장전봉: 탄환 발사장치에 탄환을 밀어 넣어 장전시키는데 사용.
○ 저울
○ 줄자
○ 먹지
○ 기록용지: A4 복사지 사용.
○ 접착테이프

5. 실험 방법

[1] 탄동진자를 이용한 탄환의 속도 측정

(1) 실험장치대를 실험테이블의 가장자리(또는 발사장치대에 높이를 주기 위한 나무상자)에 위치시키고 클램프로 고정시킨다.

(2) 실험장치대 상단의 회전축에 탄동진자를 연직하게 장치한다. [그림 3 참조]

★ 탄동진지의 히단에는 탄동진자의 질량을 증가시킬 수 있도록 질량추를 장착할 수 있는 나사와 조임 장치가 있다. 필요하다고 생각되면 적당한 양의 질량추를 장착하여 실험하여도 좋다. 이론적으로는 질량추의 장착 여부가 실험 결과에 영향을 미칠 수는 없지만, 실험에서는 실험 여건과 측정상의 이유로 좋은 쪽으로, 또는 좋지 않은 쪽으로 실험 결과에 그 영향을 미칠 수도 있다.

(3) 그림 3(a)와 같이 탄환 발사장치의 끝이 탄동진자의 탄환받이 부분과 거의 맞닿도록 탄환 발사장치를 실험장치대에 부착시킨다. 단, 이때 탄환 발사장치의 끝이 탄환받이 부분과 거의 맞닿도록 장치한다고 해서 <u>탄동진자를 연직선에서 벗어나 기울어지게 하면 안된다.</u>

★ 탄환 발사장치의 끝이 탄동진자의 탄동받이 부분과 거의 맞닿도록 하는 것은 탄환 발사장치에서 발사된 탄환이 탄환받이에 잘 박히게 하기 위함이다. 그러므로 탄환만 잘 박힌다면 굳이 이 두 부분을 거의 맞닿도록 장치할 필요는 없다.

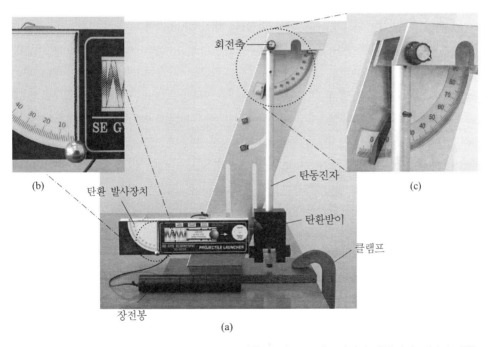

그림 3 (a), (b), (c) 탄동진자의 한쪽 끝을 회전축에 끼우고, 탄동진자의 탄환받이 부분이 탄환 발사장치와 거의 맞닿게 탄환 발사장치를 실험장치대에 수평하게 부착한다.

(4) 그림 3(b)에서와 같이 발사장치의 옆면에 부착된 각도기 상의 연직추가 0의 눈금을 가리켜 탄환 발사장치가 수평하게 놓이도록 발사장치의 수평을 조절한다.

(5) 발사장치에 탄환을 넣고, 장전봉으로 밀어서 발사강도를 1단(또는 2단)이 되게 장전한다.

(6) 그림 3(c)와 같이 실험장치대 상단에 부착되어 있는 각도 지시침을 연직하게 놓인 탄동진자와 꼭 닿게 놓고, 이때 지시침이 가리키는 처음 각을 읽어 θ_i라 하고 기록한다.

  ★ 이때, 각도 지시침이 0도를 가리키면 좋겠지만 그렇지 않을 수도 있다. 그건, 각도계의 부착 위치가 잘못 되었거나 각도 지시침이 휘어져 있어서 그럴 수 있다. 그런데, 이는 전혀 문제될 게 없다. 우리 실험은 탄동진자가 연직선 상에 놓인 상태로부터 얼마나 회전하였는지를 측정하는데, 각도 지시침의 처음 위치가 0도가 아니라면 나중 각으로부터 이 처음 각을 빼줌으로써 탄동진자의 회전각을 얻으면 된다.

(7) 방아쇠용 줄을 살짝 잡아 당겨서 탄환을 발사시키고, 탄환이 박힌 탄동진자가 회전하여 가리키는 나중 각을 읽어 θ_f라 하고 기록한다.

(8) 과정 (7)의 나중 각에서 과정 (6)의 처음 각을 빼서 탄동진자의 회전각 θ라 하고 기록한다.

$$\theta = \theta_f - \theta_i \tag{11}$$

(9) 과정 (4)~(8)을 총 8회 반복 수행한다.

(10) 단환의 질량을 측정하여 m이라 하고 기록한다. 그리고 실험장치대로부터 탄동진자를 빼내어 질량을 측정하고 M이라 하여 기록한다.

(11) 탄환받이에 탄환을 넣은 상태에서 탄동진자의 질량중심을 찾고, 회전축으로부터 이 질량중심까지의 거리를 측정하여 l이라 하고 기록한다.

  ★ 우리의 실험에서는 탄환을 넣은 탄동진자를 질점(point particle)으로 간주한다. 그래서 질량중심을 찾아 그 위치에 온전히 전체 질량이 존재하는 것으로 간주하기 위한 것이다.

  ① 탄환받이에 탄환을 넣은 탄동진자를 그림 4와 같이 적당히 뾰족한 받침대 위에 올려 놓고, 탄동진자가 수평을 유지하는 위치(무게 중심)를 찾는다. 그러면, 이 위치(무게 중심) 선상에 탄환을 넣은 탄동진자의 질량 중심이 위치하게 된다.

    ★ 탄동진자가 받침대 위에서 온전히 수평을 이루도록 하는 것은 어렵다. 그러므로 탄동진자를 손으로 잡은 상태에서 탄동진자가 받침대에 대하여 왼쪽으로 그리고 오른쪽으로 기우는 위치를 찾아서 그 중간 위치를 탄동진자가 수평을 이루는 위치로 정한다.

  ② 과정 ①에서 찾은 탄동진자의 무게 중심 선상으로부터 회전축까지의 거리를 측정하여 l이라 하고 기록한다. 회전축의 위치는 그림 3을 참조한다.

(12) 이상의 측정값 θ, m, M, l을 식 (5)에 대입하여 탄환의 속도를 구한다. 그리고 이 속도를 탄환의 발사속도의 실험값으로 삼는다.

$$v_{(실험)} = \frac{m+M}{m}\sqrt{2gl(1-\cos\theta)} \tag{5}$$

무게중심

탄환

그림 4 탄환을 넣은 탄동진자의 질량중심의 위치를 알아내기 위해서 탄동진자를 적당히 뾰족한 받침대 위에 올려놓고 진자가 수평을 유지하는 위치를 찾는다.

(13) 탄환의 발사강도를 2단(또는 3단)으로 하여 과정 (2)~(12)를 수행한다.

[2] 포물체 운동의 수평도달거리를 이용한 탄환의 속도 측정

(1) 탄동진자를 실험장치대로부터 제거하거나, 회전축에 장치한 상태로 반시계 방향으로 90° 회전시켜 실험장치대 상단(각도기의 90° 눈금 부분)의 클립에 끼운다.

(2) 탄환 발사장치가 수평하게 장치되어 있는지를 확인하고, 필요하다면 발사장치를 수평하게 조절한다.

　★ 이때, 탄동진자 때문에 약간 뒤쪽에 고정시켰던 탄환 발사장치를 앞쪽으로 당겨 놓아도 된다. 탄환 발사 시 진동 때문에 발사장치가 다소 흔들리는 경우가 있는데, 이 경우 발사장치를 앞쪽으로 당겨 실험장치대 중간 지점에 고정시키면 발사장치의 밸런스가 좋아져 발사 시 진동이 작아지기도 한다.

(3) 탄환 발사장치에 탄환을 넣고, 장전봉으로 밀어서 발사강도를 1단(또는 2단)이 되게 장전한다. 탄환의 발사강도는 앞선 '[1] 탄동진자를 이용한 탄환의 속도 측정' 실험의 과정 (5)에서의 발사강도와 같게 한다. 그리고 방아쇠용 줄을 살짝 잡아 당겨서 탄환을 발사시키고 탄환의 낙하지점을 확인한다.

(4) 과정 (3)의 탄환의 낙하지점에 먹지와 기록용지를 놓아둔다. 이때, 먹지와 기록용지는 움직이지 않게 접착테이프로 고정시킨다.

(5) 다시 탄환 발사장치가 수평하게 장치되어 있는지를 확인하고, 총 8회에 걸쳐 탄환을 발사시키고 낙하지점을 확인한다.

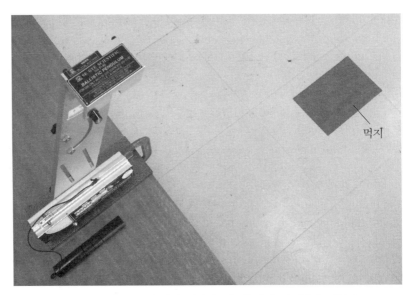

그림 5 탄환의 낙하 예상 지점에 기록용지와 먹지를 놓아둔다.

(6) 그림 (2)와 (3)을 참조하여 탄동진자를 달았던 위치를 포물체 운동의 시작점으로 하여 기록용지에 찍힌 탄환의 착지점까지의 수평거리들을 측정하여 그 평균값을 수평도달거리 x_D라 하고 기록한다.

> ★ 탄동진자를 달았던 위치를 포물체 운동의 시작점으로 삼은 이유는 '[1] 탄동진자를 이용한 탄환의 속도 측정' 실험의 속도의 실험값이 탄환이 탄동진자의 탄환받이에 부딪히는 순간의 속도이기 때문에 이 속도와 비교할 이론값 역시 동일한 지점의 속도를 선택하는 것이다.

(7) 그림 2를 참조하여 탄환의 낙하높이를 측정하고 H라 하여 기록한다.

(8) 수평도달거리 x_D와 낙하높이 H를 이용하여 탄환의 투사속도를 구한다. 그리고 이 속도를 탄환의 발사속도의 이론값으로 삼는다.

$$v_{(\text{이론})} = x_D \sqrt{\frac{g}{2H}} \tag{10}$$

(9) 탄환의 발사강도를 앞선 '[1] 탄동진자를 이용한 탄환의 속도 측정' 실험의 과정 (13)에서와 같이 한 후 과정 (3)~(8)을 수행한다.

(10) '[1] 탄동진자를 이용한 탄환의 속도 측정' 실험의 과정 (12)와 (13)으로 얻은 탄환의 발사속도의 실험값과 바로 위 과정 (8)과 (9)로 얻은 탄환의 발사속도의 이론값을 비교하여 본다.

6. 실험 전 학습에 대한 질문

실험 제목	탄환의 속도 측정		실험일시	
학과 (요일/교시)		조	보고서 작성자 이름	

* 다음의 물음에 대하여 괄호 넣기나 번호를 써서, 또는 간단히 기술하는 방법으로 답하여라.

1. 이 실험의 목적을 써 보아라.

   Ans: _____

   _____

2. 다음의 그림과 같이 질량이 m 인 탄환이 속도 v 로 수평하게 날아와 정지해 있는 질량이 M 인 탄동진자에 박힌 후, 탄동진자 끝의 회전축에 대하여 θ 만큼 회전하여 그 질량중심(CM) 이 h 만큼 올라가는 운동을 하였다. 탄환의 날아온 속도 v 를 알아내기 위한 다음의 계산 과 정에서 점선의 박스에 알맞은 식을 써 넣어라. 단, 회전축으로부터 탄환이 박힌 탄동진자의 질량중심까지의 거리를 l 이라고 하자.

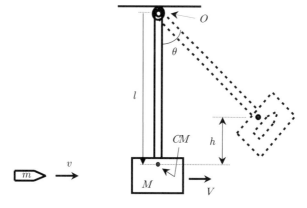

선운동량 보존:

$$mv = \boxed{}$$

역학적 에너지 보존:

$$\frac{1}{2}(m+M)V^2 = \boxed{}$$

탄환의 속도 v
  - 높이 h 를 써서:

$$v = \boxed{}$$

탄환의 속도 v
  - l 과 θ 를 써서:

$$v = \boxed{}$$

3. 높이 H인 지점에서 수평면과 나란하게 초속도 v_0로 투사된 물체가 포물체 운동을 하여 수평도달거리 x_D 지점에 도달하였다. 이 물체의 초속도 v_0를 낙하높이 H와 수평도달거리 x_D, 그리고 중력가속도 g를 써서 나타내어 보아라.

$$v_0 =$$

4. 다음 중 이 실험에서 사용하는 실험 기구가 아닌 것은? (   )
   ① 탄동진자 실험장치   ② 먼지   ③ 기록용지
   ④ 초시계   ⑤ 줄자

5. 다음의 그림은 이 실험에서의 한 과정을 촬영한 것으로, 탄환이 박힌 탄동진자를 뾰족한 받침대 위에 올려놓고 탄동진자가 수평을 유지하는 위치(무게 중심)를 찾는 과정이다. 이 과정을 통해서 얻고자 하는 <u>길이 측정값</u>은 무엇인가? (   )

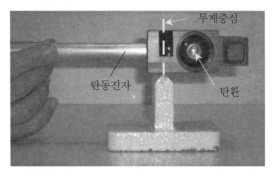

6. 다음 중 '탄동진자를 이용한 탄환의 속도 측정' 실험에서 탄환의 발사속도($v_{(실험)}$)를 구하기 위하여 요구되는 측정값이 아닌 것은? (   )
   ① 회전축으로부터 탄동진자 내의 탄환의 중심까지의 거리 R
   ② 탄환의 질량 m
   ③ 탄동진자의 질량 M
   ④ 회전축으로부터 탄환을 넣은 탄동진자의 질량중심까지의 거리 l
   ⑤ 회전축에 대한 탄동진자의 회전각 θ

7. 이 실험에서는 탄환의 속도를 두 가지 방법으로 측정한다. 하나는 '탄동진자를 이용한 탄환의 속도 측정' 방법이고, 다른 하나는 '포물체 운동의 수평도달거리를 이용한 탄환의 속도 측정' 방법이다. 이 두 속도 측정값 중 탄환의 속도의 이론값(참값, 비교의 기준 값)으로 삼는 값은? (   )
   ① 탄동진자를 이용한 탄환의 속도 측정
   ② 포물체의 운동의 수평도달거리를 이용한 탄환의 속도 측정

7. 결과

실험 제목	탄환의 속도 측정		실험일시	
학과 (요일/교시)		조	보고서 작성자 이름	

[1] 실험값

(1) 탄동진자를 이용한 탄환의 속도 측정

○ 탄환의 질량, $m =$ g

○ 탄동진자의 질량, $M =$ g

○ 회전축으로부터 (탄환을 넣은) 탄동진자의 질량중심까지의 거리, $l =$ cm

① 탄환의 발사강도 ( )단

회 각	1	2	3	4	5	6	7	8	평균
θ_i									
θ_f									
θ									

▶ $v_{(실험)} = \dfrac{m+M}{m}\sqrt{2gl(1-\cos\theta)} =$ cm/s   (※ $g = 980\,\mathrm{cm/s^2}$으로 한다.)

② 탄환의 발사강도 ( )단

회 각	1	2	3	4	5	6	7	8	평균
θ_i									
θ_f									
θ									

▶ $v_{(실험)} = \dfrac{m+M}{m}\sqrt{2gl(1-\cos\theta)} =$ cm/s   (※ $g = 980\,\mathrm{cm/s^2}$으로 한다.)

(2) 수평도달거리를 이용한 탄환의 속도 측정

○ 탄환의 낙하높이, $H =$ cm

① 탄환의 발사강도 (   )단

거리＼회	1	2	3	4	5	6	7	8	평균
x_D									

▶ $v_{(이론)} = x_D \sqrt{\dfrac{g}{2H}} =$ cm/s   (※ $g = 980\,\text{cm/s}^2$ 으로 한다.)

② 탄환의 발사강도 (   )단

거리＼회	1	2	3	4	5	6	7	8	평균
x_D									

▶ $v_{(이론)} = x_D \sqrt{\dfrac{g}{2H}} =$ cm/s   (※ $g = 980\,\text{cm/s}^2$ 으로 한다.)

[2] 결과 분석

※ 탄환의 발사속도의 실험값을 이론값과 비교

발사강도	$v_{(실험)}$	$v_{(이론)}$	$\dfrac{v_{(이론)} - v_{(실험)}}{v_{(이론)}} \times 100$
단			
단			

[3] 오차 논의 및 검토

[4] 결론

토크의 이해 - 회전 평형

1. 실험 목적

회전 평형의 조건을 실험하고, 이를 통해 토크의 의미를 이해한다.

2. 실험 개요

양팔 저울의 역할을 하는 수평막대를 역학 종합 실험장치에 연직하게 설치하고 수평막대 중앙의 회전축에 대하여 오른편에는 질량추로 중력의 힘을 가할 수 있도록 실로 연결한 추걸이를 달고, 수평막대의 왼편에는 힘을 측정할 수 있도록 적당한 위치에 용수철저울을 달아 둔다. 그리고 수평막대 오른편의 실로 연결한 추걸이에 질량추를 증가시켜가며, 또 수평막대 상에서 질량추를 단 추걸이 실의 위치를 바꿔가며, 이어 질량추를 단 추걸이 실의 수평막대를 잡아당기는 방향을 바꿔가며 수평막대를 시계 방향으로 회전시키고, 이때마다 수평막대 왼편의 용수철저울의 힘을 조절하여 수평막대를 반시계 방향으로 회전시켜 이 수평막대가 수평이 되게 한다. 즉, 수평막대가 회전평형이 되게 한다. 이 실험 과정에서 회전축에 대하여 수평막대를 시계 방향으로 돌리는 토크(돌림 힘, 또는 회전력)가 회전축으로부터 힘의 작용점까지의 거리와 작용한 힘의 크기에 비례하고 힘이 막대에 수직하게 작용할수록 크다는 사실을 확인한다. 그리고 이를 통해 토크를 이해한다.

3. 기본 원리

[1] 토크(torque, 돌림 힘)란?

우리는 일상생활에서 현관문을 열어젖힌다든가, 자동차의 핸들을 돌린다든가, 너트 또는 볼트를 육각렌치로 돌린다든가 등의 많은 회전 운동을 경험한다. 그런데, 이러한 회전 운동에서는 단순히 큰 힘을 준다고 해서 물체가 쉽게 회전하지는 않는다는 것을 경험적으로 알고 있다.

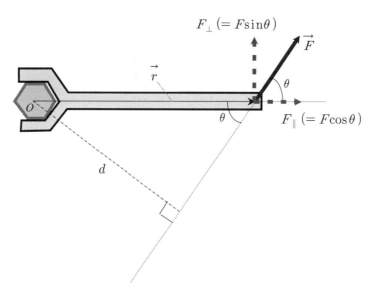

$F_\perp\,(= F\sin\theta)$

$\vec{F}$

$\vec{r}$

θ

O

θ

$F_\parallel\,(= F\cos\theta)$

d

그림 1 렌치(wrench)를 이용하여 육각너트를 돌린다.

물체를 효율적으로 회전시키기 위해서는 큰 힘을 주되 회전축으로부터 먼 곳에, 그리고 (문이라면 문에) 수직하게 힘을 작용하여야 한다. 이와 같이 회전축에 대하여 물체를 회전시키고자 하는 힘의 능률을 토크(torque, 또는 돌림 힘 또는 회전력)라고 한다.

다음은 렌치(wrench)를 돌려 육각너트를 푸는 상황을 그림으로 나타낸 것이다. 이러한 경우 힘 $\vec{F}$를 가하여 육각너트를 축으로 하여 렌치를 돌리는 힘의 능률은 회전축(너트의 중심)으로부터 힘($\vec{F}$)의 작용점까지의 거리 r에 비례하고 작용한 힘의 크기(F)에 비례하며, 힘의 작용 방향이 렌치에 수직할수록 그 능률이 크다. 이러한 힘의 능률 즉, 토크(τ)는 다음과 같이 기술된다.

$$\tau = rF_\perp = r(F\sin\theta) = rF\sin\theta \tag{1}$$

힘 $\vec{F}$의 성분 중 회전축으로부터 힘의 작용점까지의 위치 벡터 $\vec{r}$에 나란한 성분인 $F_\parallel\,(= F\cos\theta)$은 렌치를 회전시키는 데 기여하지 않는다. 즉, 토크를 형성하지 않는다. 한편, 위의 그림에서 거리 d는 회전축으로부터 힘의 연장선까지의 수직거리인데, 이 거리 d를 힘 $\vec{F}$의 모멘트 팔(moment arm)이라고 하고 이를 이용하면 토크를 더 쉽게 기술할 수 있다.

$$\tau = rF\sin\theta = F(r\sin\theta) = Fd \tag{2}$$

위의 식에 의하면 **토크는 모멘트 팔 곱하기 힘**이 되는 것이다. 이러한 모멘트 팔의 개념으로 보면, 앞서 언급했던 힘 $\vec{F}$의 위치 벡터 $\vec{r}$에 나란한 성분인 $F_\parallel\,(= F\cos\theta)$은 그 작용선이 회전축을 지나므로 모멘트 팔이 **0**이 되어 토크를 형성하지 않는 셈이다.

토크의 SI 단위는

MKS 단위: N · m

CGS 단위: dyne · cm

이다. 힘과 거리를 곱하는 토크의 차원은 일의 차원과 같으나, 그 단위는 J (Joule)을 쓰지 않음에 유의하여야 한다. 한편, 언급은 하지 않았지만 토크는 벡터량이다.

[2] 회전 평형

물체에 둘 이상의 힘이 토크로 작용하여 물체를 회전시킨다면, 토크는 벡터량이므로 각 토크의 회전 방향을 고려하여 더해야 한다. 특별히 물체가 고정축에 대하여 회전한다면, 물체는 두 방향으로 회전이 가능하게 되는데, 이때 한쪽 방향(보통은 반시계 방향)의 회전을 양(+)의 방향으로 삼고, 반대 방향(시계 방향)의 회전을 음(−)의 방향으로 삼아 토크의 부호를 정하면, 토크의 합은 일차원 상에서의 힘의 합성과 같이 쉽게 셈할 수 있다.

그림 2 물체에 둘 이상의 토크가 작용하면 물체는 토크가 큰 쪽으로 회전한다.

$$\sum \tau = \tau_1 + (-\tau_2) = r_1 F_1 \sin\theta_1 - r_2 F_2 \sin\theta_2 \tag{3}$$

위 그림에서 토크 τ_1 이 τ_2 보다 크면 물체는 반시계 방향으로, 작으면 시계 방향으로 회전하게 된다. 한편, 두 토크 τ_1 과 τ_2 가 같으면, **물체에 작용하는 알짜 토크는 0 이 되어 물체는 회전 평형 상태에 있게 된다.**

$$\sum \tau = 0 \quad \Longrightarrow \quad 회전평형 \tag{4}$$

이와 같은 회전 평형은 선형 운동에서 물체에 작용한 알짜 힘이 0이면 물체는 병진 평형 상태에 있게 되는 것과 유사하나, 병진 평형은 질량 중심의 운동을 만들지 않고 회전 평형은 회전을 만들지 않는 차이가 있다.

> 토크와 힘을 혼동해서는 안 된다. 힘은 물체의 병진 운동(질량 중심의 이동)을 생성하지만, 토크는 물체의 회전 운동을 만들어 낸다.

4. 실험 기구

○ 역학 종합 실험장치
  • 실험판(1)
    : 철판으로 이루어져 있으며, 자석이 달린 수평막대, 용수철저울, 각도기, 도르래 등의
      기구를 붙여 실험한다.
  • 수평막대(1)
    : 중앙에 회전축이 있는 금속 막대로, 막대의 임의의 지점에 연결고리를 달아 실험한다.
  • 연결고리(3)
    : 수평막대에 끼워 넣는 고리로, 이 고리에 실을 묶어 용수철저울 또는 추걸이에 연결
      한다.
  • 용수철저울(1)
  • 각도기(1)
    : 작용한 힘의 방향을 측정하는 데 사용한다. 중앙에 고정 핀이 있으며 이 핀에 대해
      자유롭게 회전할 수 있다.
  • 도르래(3)
    : 작용하는 힘의 방향을 바꾸는데 사용한다. 좁은 실험판 위의 공간을 효율적으로 사용
      할 수 있게 해준다.
  • 추걸이(3)

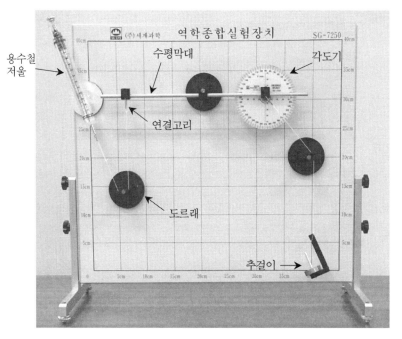

그림 3 역학 종합 실험장치

○ 추 세트
○ 실

5. 실험 방법

(1) 실험판 하단의 수평조절나사를 이용하여 실험판이 좌우로, 앞뒤로도 기울어지 않게 조절한다.

(2) 용수철저울의 용수철상수 k 를 측정한다.

　① 실험판에 용수철저울을 수직하게 단다.

　② 용수철 위에 달린 영점조절나사를 돌려 용수철의 눈금이 0에 일치하게 한다. [그림 4 참조]

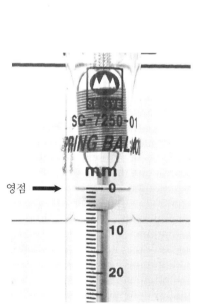

그림 4 용수철저울의 영점을 조절한다.

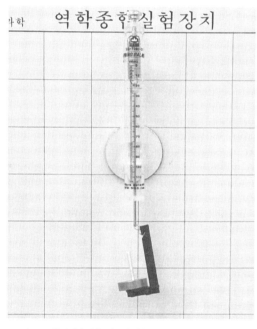

그림 5 용수철저울에 질량추를 달아 용수철저울의 늘어난 길이를 측정한다.

　③ 전자저울을 이용하여 추걸이의 질량을 측정하고 기록한다.

　④ 용수철저울 하단의 고리에 추걸이를 달고 질량추를 40 g 씩 증가시켜 얹어가며 용수철저울의 늘어난 길이를 측정하여 x 라 하고 기록한다. 이때, 표에는 <u>추걸이의 질량</u>

을 포함한 질량을 질량추의 질량으로 하여 기록한다. [그림 5 참조]

⑤ 질량추에 작용하는 중력과 용수철저울의 탄성력이 평형을 이룸을 이용하여 용수철상수를 계산한다.

$$kx = mg$$

$$k = \frac{mg}{x} \tag{5}$$

⑥ 각각의 질량에 대하여 계산한 용수철상수의 평균값을 용수철상수로 결정한다.

(3) 수평막대를 실험판에 부착하고 막대를 좌우로 이동시켜가며 수평을 조절한 후, 회전축에 있는 조임나사를 **살짝** 돌려 고정시킨다. 수평 조절은 수평막대가 실험판에 그려진 수평선에 일치하도록 조절하면 된다. [그림 6 참조]

★ 이와 같이 수평막대를 수평하게 설치하면 수평막대의 질량중심이 회전축 상에 놓이게 되므로 회전 축으로부터 수평막대의 질량중심에 작용하는 중력까지의 모멘트 팔 (moment arm)은 0 이 되어 수평막대는 토크를 형성하지 않게 된다. 그러므로 이후의 실험 과정에서 발생하는 여러 토크 중 수평막대에 의한 토크는 고려할 필요가 없게 된다.

★ 조임나사를 살짝 돌리는 이유는 단지 수평막대를 흠집으로부터 보호하기 위함이다.

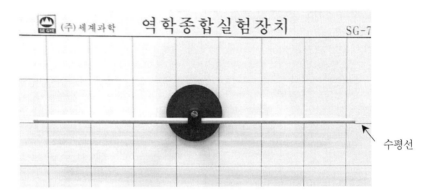

그림 6 실험판에 그려진 수평선을 이용하여 수평막대를 수평하게 설치한다.

(4) 연결고리의 질량을 측정하여 m 이라 하고 기록한다.

★ 연결고리를 추걸이와 혼돈해서는 안 된다. 연결고리는 수평막대에 끼운 후 고리에 실을 매다는 장치이다. [그림 3 참조]

(5) 그림 7(a)와 같이 수평막대의 왼쪽 끝으로부터 적당한(3∼5 cm 정도) 지점에 나사가 앞쪽에서 보이도록 연결고리를 달고 연결고리가 움직이지 않도록 나사를 **살짝** 조인다. 그리고 수평막대의 오른쪽에도 임의의 적당한(회전축에 가깝지는 않게) 지점에 연결고리를 달고 나사를 **살짝** 조여 고정시킨다.

★수평막대에 연결고리를 연결하고 나면 수평막대는 한쪽으로 기울어진다. 이것은 두 연결고리에
작용하는 중력이 토크로 작용하여 수평막대를 회전시키는 것인데, 당연한 현상이고 이는 나중
에 실험 결과에 포함시킬 것이므로 새로 수평막대를 수평하게 조절하여서는 안 된다.

(6) 그림 7(a)와 같이 수평막대의 왼쪽 연결고리에 실을 묶어 아래의 도르래를 지나게 하여
용수철저울에 연결한다. 그리고 수평막대의 오른쪽 연결고리에도 실을 묶어 추걸이를 매
단다. 이때, 그림 7(a), (b)와 같이 용수철저울에 연결되는 실이 수평한 상태의 수평막대
와 정확히 수직이 되도록 도르래의 위치를 조절한다. 그리고 이 도르래의 위치는 이후로
절대 움직이지 않게 한다.

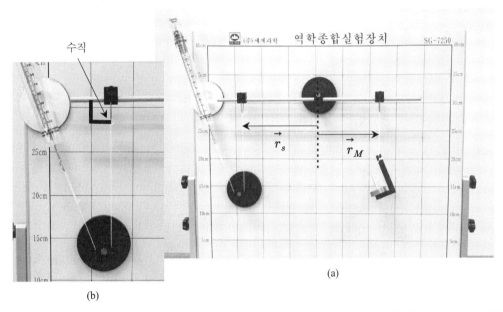

(a)

(b)

그림 7 (a) 수평막대의 좌우에 각각 연결고리를 장착한 후 실을 이용하여 용수철저울과 추걸이를 연결한다.
(b) 용수철저울에 연결되는 실은 반드시 수평막대와 수직이 되어야 한다.

(7) 수평막대의 회전축으로부터 용수철저울과 연결된 왼쪽 연결고리의 중심(실이 매달리는
지점)까지의 거리를 측정하여 r_s라 하고 기록한다. 이 r_s는 실험 끝까지 유지한다.

★'회전축의 중심으로부터 연결고리의 중심까지의 거리'를 재는 게 다소 불편할 수 있다. 이 경우
연결고리의 폭과 회전축 조임장치(연결고리와 모양이 유사)의 폭이 모두 1.5 cm 임을 고려하여,
회전 축 조임장치의 한쪽 면으로부터 연결고리의 한쪽 면까지의 거리를 재고 여기에 1.5 cm를
더하는 방법으로 '회전축의 중심으로부터 연결고리의 중심까지의 거리'를 쉽게 잴 수 있다.

(8) 작용하는 힘의 크기 F만을 변화시켜가며 토크의 크기를 측정한다.

① 회전축으로부터 추걸이와 연결된 오른쪽 연결고리(실이 매달리는 지점)까지의 거리를
측정하여 r_M이라고 하고 기록한다. [그림 7(a) 참조]

② 추걸이에 40 g 의 질량추를 달고 <u>용수철저울**만**</u>을 움직여가며 수평막대를 수평이 되게
한다. 즉, 회전 평형이 되게 한다. 수평막대가 수평이 되면 용수철저울의 늘어난 길이
를 측정하여 l 이라 하고 기록한다. 그리고 추걸이를 포함한 질량추의 질량은 M 이라
하고 기록한다.

주의를 요합니다.

★ 추걸이에 질량추를 달면 질량추에 작용하는 중력은 토크로 작용하여 수평막대를 시계 방향으로 회
전시킨다. 이때, 용수철저울을 움직여가며 용수철의 길이를 증가시키면 용수철의 탄성력은 토크로
작용하여 수평막대를 반시계 방향으로 회전시킨다.

★ 수평막대가 수평이 되는 것은 수평막대에 작용한 네 개의 토크 중 시계 방향으로 회전시키는 두 토
크(각각 오른쪽 연결고리와 질량추에 작용하는 중력에 의한 토크)와 반시계 방향으로 회전시키는
두 토크(왼쪽 연결고리에 작용하는 중력에 의한 토크와 용수철저울의 탄성력에 의한 토크)가 회전
평형을 이룬 것이다.

③ 수평막대를 시계 방향으로 회전시키려는 토크를 이론값으로 하고 반시계 방향으로 회
전시키려는 토크를 실험값으로 하여 두 토크를 계산하고 비교하여 본다.

★ 네 개의 토크 모두에서 회전축으로부터 힘의 작용점까지의 위치 벡터 $\vec{r_s}$, $\vec{r_M}$ 과 작용한 힘들이
모두 수직을 이룬다. 즉, 이 위치벡터들이 모두 모멘트 팔(moment arm)이 된다. 그러므로 토크
의 sine(사인) 항은 1 이 된다.

$$회전\ 평형:\quad \sum \tau = \tau_{(실험)} + \left(-\tau_{(이론)} \right) = 0$$

$$\tau_{(이론)} = \tau_m + \tau_M = r_M mg + r_M Mg = r_M (m+M)g$$

$$\tau_{(실험)} = \tau_m{'} + \tau_s = r_s mg + r_s kl = r_s (mg + kl) \tag{6}$$

④ 추걸이에 얹는 질량을 40 g 씩 증가시켜가면서 과정 ②와 ③을 반복 실험한다. 그리
고 그 실험결과를 이용하여 작용한 힘과 토크의 관계 그래프를 그려본다. 이를 통해
서 토크가 작용한 힘에 비례함을 확인한다. 여기서, 작용한 힘과 토크는 각각 다음의
값을 사용한다.

$$작용한\ 힘\ = (m+M)g$$
$$토크\ = r_s (mg + kl)$$

★ 여기서 '작용한 힘'은 과정 ③의 토크의 이론값에 기여하는 힘을 택하고, '토크'는 과정 ③의 토
크의 실험값을 택하였다.

★ 작용한 힘, 즉 질량추에 작용하는 중력을 증가시켜 갈 때마다 용수철저울의 길이가 늘어나는 것
을 육안으로 확인하는 것만으로도 토크가 증가하는 것을 알 수 있다.

(9) <u>회전축으로부터 힘의 작용점까지의 거리 r_M 만을 변화시켜가며</u> 토크의 크기를 측정한다.

① 추걸이에 매다는 질량 M 을 과정 (8)의 한 경우(120 g 이나 160 g, 또는 200 g)에 두
고 회전축으로부터 힘의 작용점까지의 거리 r_M 을 처음 6 cm(또는 8 cm)로부터 2

cm씩 증가시켜가며 수평막대가 수평이 되도록 용수철저울을 움직여 조절한다. 그리고 그때의 용수철저울의 늘어난 길이를 측정하여 l이라 하고 기록한다. 이 측정값을 이용하여 과정 (8)-③을 수행한다.

② 실험 결과를 이용하여 회전축으로부터 힘의 작용점까지의 거리와 토크의 관계 그래프를 그려본다. 이를 통해서 토크가 회전축으로부터 힘의 작용점까지의 거리에 비례함을 확인한다. 여기서, 회전축으로부터 힘의 작용점까지의 거리와 토크는 각각 다음의 값을 사용한다.

회전축으로부터 힘의 작용점까지의 거리 $= r_M$

토크 $= r_s(mg + kl)$

(10) 회전축으로부터 힘의 작용점까지의 위치벡터 $\vec{r}_M$과 작용한 힘 $\vec{F}$가 이루는 각 θ 만을 변화시켜가며 토크의 크기를 측정한다.

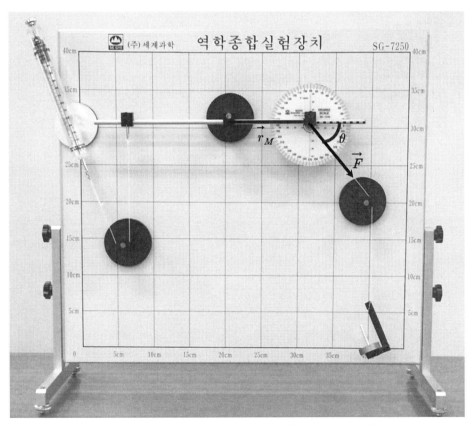

그림 8 회전축으로부터 힘의 작용점까지의 위치 벡터 $\vec{r}_M$과 작용한 힘 $\vec{F}$가 이루는 각을 변화시켜가며 토크의 크기를 측정한다.

① 회전축으로부터 힘의 작용점까지의 거리 r_M을 과정 (8)과 같이 두고 추걸이에 매다는 질량을 과정 (8)의 한 경우(120 g이나 160 g, 또는 200 g)와 같이 한 상태에서, 그림 8과 같이 위치벡터 $\vec{r}_M$과 작용한 힘 $\vec{F}$가 각을 이루도록 구성하고 이 각을 처음 90°(이미 실험한 결과가 있음)로부터 10°(또는 15°)씩 감소시켜가며 수평막대가 수평이 되도록 용수철저울을 움직여 조절한다. 그리고 그때의 용수철저울의 늘어난 길이를 측정하여 l이라 하고 기록한다. 이 측정값을 이용하여 과정 (8)-③을 수행한다. **이때, 각도기의 중심(십자 나사의 중심)이 연결고리의 고리 중심에 일치하게 하여야 한다. [그림 9 참조]**

★수평막대가 수평하다고 하여도 한 번씩 수평막대를 살짝 건드려 보아라. 각도기와 연결고리의 마찰 때문에 간혹 수평막대가 잘못된 수평을 가리키기 때문이다.

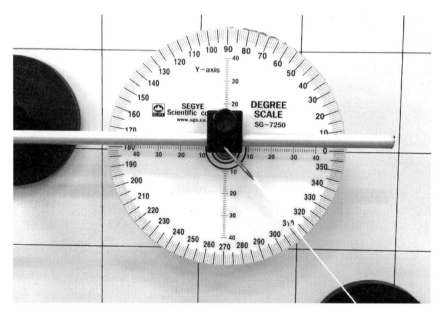

그림 9 각도기의 중심(십자 나사의 중심)이 연결고리의 고리 중심에 일치하게 장치하고 각을 읽는다.

② 실험 결과를 이용하여 위치 벡터 $\vec{r}_M$과 작용한 힘 $\vec{F}$가 이루는 각의 sine(사인) 값과 토크의 관계 그래프를 그려본다. 이를 통해서 토크가 회전축으로부터 힘의 작용점까지의 위치벡터와 작용한 힘이 이루는 각의 sine(사인) 값에 비례함을 확인한다. 여기서, sine(사인) 값과 토크는 각각 다음의 값을 사용한다.

> 회전축으로부터 힘의 작용점까지의 위치벡터와
> 작용한 힘이 이루는 각의 sine(사인) 값 $= \sin\theta$
> 토크 $= r_s(mg + kl)$

(11) 과정 (8)~(10)의 결과를 정리하여 토크가 작용한 힘에 비례하고 회전축으로부터 힘의 작용점까지의 거리에 비례하며, 또한 회전축으로부터 힘의 작용점까지의 위치 벡터와 작용한 힘이 이루는 각의 sine(사인) 값에 비례함으로써, 식 (1)

$$\tau = rF\sin\theta \tag{1}$$

와 같이 기술됨을 확인하고, 이를 논해 보도록 한다.

실험 제목	토크의 이해 – 회전 평형		실험일시	
학과 (요일/교시)		조	보고서 작성자 이름	

* 다음의 물음에 대하여 괄호 넣기나 번호를 써서, 또는 간단히 기술하는 방법으로 답하여라.

1. 회전축에 대하여 물체를 회전시키고자 하는 힘의 능률을 ( )라 한다.

2. 다음은 렌치(wrench)를 돌려 육각너트를 푸는 상황을 그림으로 나타낸 것이다. 이러한 경우
   힘 $\vec{F}$ 를 가하여 육각너트를 축으로 하여 렌치를 돌리는 힘의 능률은 회전축(너트의 중심)으
   로부터 힘 ($\vec{F}$)의 작용점까지의 거리 r 에 ( )하고 작용한 ( )에 비례하며,
   힘의 작용 방향이 렌치에 ( )할수록 그 능률이 크다.

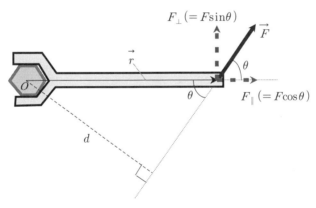

3. 문제 2의 그림에서 주어진 문자를 이용하여, 문제 2의 내용대로 토크(τ)를 수식으로 써 보아라.

   $\tau =$

4. 문제 2의 그림에서 d 는 회전축으로부터 힘의 연장선까지의 수직거리이다. 이 거리 d 를 힘
   $\vec{F}$ 의 ( )이라고 하고, 이를 이용하면 토크를 더 쉽게 기술할 수 있는데,
   이때 토크는

   $\tau =$

   으로 기술된다.

5. 토크의 SI 단위를 각각 MKS 단위와 CGS 단위로 써 보아라.

  　　　　MKS 단위: (　　　　　　　　), 　　CGS 단위: (　　　　　　　　)

6. 토크는 벡터량일까, 아니면 스칼라량일까? (　　　)

  ① 벡터량 　　　　　　　　　　　　　　　② 스칼라량

7. 그림과 같이 고정축에 대하여 각각 r_1과 r_2 만큼 떨어진 지점에 힘 $\vec{F_1}$과 $\vec{F_2}$가 각각 작용하여 물체가 회전한다고 하자. 이때, 물체가 반시계 방향으로 회전하는 경우를 양의 토크가 작용하는 것으로 하고, 이 물체에 작용한 알짜 토크를 기술하여 보아라.

$$\sum \tau = \tau_1 + (\qquad\qquad) = r_1$$

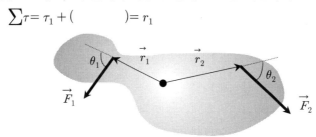

8. 만일, 문제 7의 상황에서 두 토크 τ_1 과 τ_2 가 같으면, 물체에 작용하는 알짜 토크는 0이 되어 물체는 (　　　　　　　　)상태에 있게 된다.

9. 토크와 힘을 혼동해서는 안 된다. (　　　　)은 물체의 병진 운동(질량 중심의 이동)을 생성하지만, (　　　　)는 물체의 회전 운동을 만들어 낸다.

10. 다음 중 이 실험의 실험기구인 '역학 종합 실험장치'의 구성 품목이 아닌 것은? (　　　)

  ① 수평막대 　　　　　　② 연결고리 　　　　　　③ 용수철저울
  ④ 글라이더 　　　　　　⑤ 각도기

11. 이 실험에서는 토크를 측정하는데 있어서 세 가지의 물리량을 변화시켜가면서 실험한다. 이 세 가지 물리량을 써 보아라. [Hint: 실험 과정 (8)부터 이에 해당]

  • 작용하는 (　　　　　　　　)만을 변화시켜가면서
  • 회전축으로부터 힘의 작용점까지의 (　　　　　　　)만을 변화시켜가면서
  • 회전축으로부터 힘의 작용점까지의 위치벡터 $\vec{r_M}$과 작용한 힘 $\vec{F}$가 이루는 (　　　)만을 변화시켜가면서

7. 결과

실험 제목	토크의 이해 - 회전 평형		실험일시	
학과 (요일/교시)		조	보고서 작성자 이름	

[1] 실험값

(1) 용수철저울의 용수철상수(k) 측정

○ 추걸이의 질량: g

회	(추걸이+질량추)의 질량	용수철의 늘어난 길이(x)	용수철상수(k)
1	g	cm	N/m
2	g	cm	N/m
3	g	cm	N/m
4	g	cm	N/m
5	g	cm	N/m
평균	╳	╳	N/m

▶ 용수철상수의 평균값: N/m

(2) 작용하는 힘의 크기 F만을 변화시켜가며 토크의 크기를 측정

○ 연결고리의 질량, $m =$ g
○ 회전축으로부터 용수철저울과 연결되는 왼쪽 연결고리까지의 거리, $r_s =$ cm
○ 회전축으로부터 추걸이와 연결되는 오른쪽 연결고리까지의 거리, $r_M =$ cm

회	(추걸이+질량추) 의 질량(M)	$\tau_{(이론)}$ $[= r_M(m+M)g]$	용수철의 늘어난 길이(l)	$\tau_{(실험)}$ $[= r_s(mg+kl)]$	$\left(\dfrac{\tau_{(이론)} - \tau_{(실험)}}{\tau_{(이론)}}\right)$ $\times 100\,(\%)$
1	g	N·m	cm	N·m	
2	g	N·m	cm	N·m	
3	g	N·m	cm	N·m	
4	g	N·m	cm	N·m	
5	g	N·m	cm	N·m	
평균	╳	╳	╳	╳	

○ 작용한 힘과 토크의 관계 그래프

회	작용한 힘(F) $[=(m+M)g]$	토크 $[=r_s(mg+kl)]$
1	N	N·m
2	N	N·m
3	N	N·m
4	N	N·m
5	N	N·m
평균		

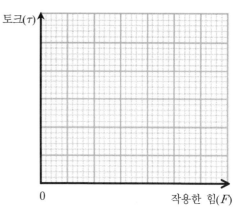

(3) 회전축으로부터 힘의 작용점까지의 거리 r_M만을 변화시켜가며 토크의 크기를 측정

○ (추걸이+질량추)의 질량, $M =$ g

회	회전축으로부터 힘의 작용점까지의 거리 (r_M)	$\tau_{(이론)}$ $[=r_M(m+M)g]$	용수철의 늘어난 길이(l)	$\tau_{(실험)}$ $[=r_s(mg+kl)]$	$\left(\dfrac{\tau_{(이론)}-\tau_{(실험)}}{\tau_{(이론)}}\right)$ $\times 100\,(\%)$
1	cm	N·m	cm	N·m	
2	cm	N·m	cm	N·m	
3	cm	N·m	cm	N·m	
4	cm	N·m	cm	N·m	
5	cm	N·m	cm	N·m	
평균					

○ 회전축으로부터 힘의 작용점까지의 거리와 토크의 관계 그래프

회	회전축으로부터 힘의 작용점까지의 거리 ($=r_M$)	토크 $[=r_s(mg+kl)]$
1	cm	N·m
2	cm	N·m
3	cm	N·m
4	cm	N·m
5	cm	N·m
평균		

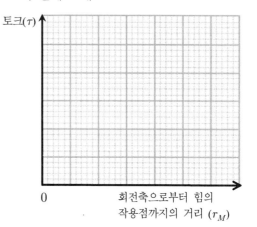

(4) 회전축으로부터 힘의 작용점까지의 위치 벡터 $\vec{r_M}$과 작용한 힘 $\vec{F}$가 이루는 각 θ 만을 변화시켜가며 토크의 크기를 측정

○ 회전축으로부터 추걸이와 연결되는 오른쪽 연결고리까지의 거리, $r_M =$ cm
○ (추걸이+질량추)의 질량, $M =$ g

회	위치벡터와 작용한 힘이 이루는 각(θ)	$\tau_{(이론)}$ $[= r_M(m+M)g\sin\theta]$	용수철의 늘어난 길이(l)	$\tau_{(실험)}$ $[= r_s(mg+kl)]$	$\left(\dfrac{\tau_{(이론)} - \tau_{(실험)}}{\tau_{(이론)}}\right) \times 100(\%)$
1	°	N·m	cm	N·m	
2	°	N·m	cm	N·m	
3	°	N·m	cm	N·m	
4	°	N·m	cm	N·m	
5	°	N·m	cm	N·m	
평균					

○ 위치벡터와 작용한 힘이 이루는 각의 sine(사인)값과 토크의 관계 그래프

회	위치벡터와 작용한 힘이 이루는 각의 sine(사인)	토크 $[= r_s(mg+kl)]$
1		N·m
2		N·m
3		N·m
4		N·m
5		N·m
평균		

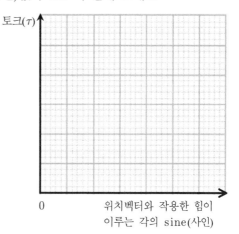

토크(τ)

0   위치벡터와 작용한 힘이 이루는 각의 sine(사인)

[2] 결과 분석

[3] 오차 논의 및 검토

[4] 결론

1. 실험 목적

고정축에 대한 강체의 회전운동을 해석하고 관성모멘트의 의미를 이해한다.

2. 실험 개요

고정축에 대하여 마찰 없이 회전할 수 있는 회전 장치(관성모멘트 측정 장치)에 질점으로 간주할 수 있는 사각추를 올려놓고 회전 장치에 일정한 접선력을 주어 등각가속도로 회전 운동시키며 각가속도를 측정한다. 그리고 이 각가속도의 측정값을 강체의 회전운동을 해석하여 얻은 식 (28)에 대입하여, 질점으로서의 사각추의 관성모멘트를 구한다. 이어 사각추의 질량을 바꿔가면서, 그리고 회전축으로부터의 사각추의 거리를 달리하면서 관성모멘트를 측정하여 관성모멘트가 강체의 질량과 회전축으로부터의 질량 분포에 관계함을 확인한다. 한편, 질점에 이어 1차원 강체로 간주할 수 있는 막대 모양의 강체에 대해서는 회전축을 각각 막대의 중심과 한쪽 끝으로 하여 회전하는 경우에 대해서 관성모멘트를 측정하고, 측정 결과로부터 강체의 관성모멘트가 회전축의 선택에 따라 즉, 회전축에 대한 질량의 분포에 관계함을 확인한다. 이상의 실험 결과로부터 회전운동에서의 강체의 관성(관성모멘트)은 강체의 질량에만 관계하는 게 아니라, 회전축에 대한 질량의 분포에도 관계함을 이해한다.

3. 기본 원리

[1] 관성모멘트(moment of inertia)란 무엇인가?

다음의 그림 1은 질량 m의 강체(rigid body, 단단하여 변형이 되지 않는 물체)가 이 강체를 통과하는 임의의 고정축 O에 대하여 xy 평면상에서 등각가속도 α로 회전 운동하고 있는 모습을 나타낸 것이다.

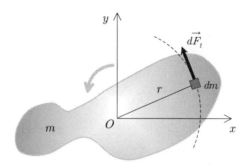

그림 1 각각의 미소(微少) 질량 요소 dm에 작용한 미소(微少) 접선력 $\vec{dF_t}$에 의해 질량 m의 강체가 고정축 O에 대하여 등각가속도로 회전하고 있다.

이 강체는 아주 작은 크기의 그러나 무한히 많은 질량 요소 dm이 모여 이루어진 것으로 간주하며, 각각의 미소(微少) 질량 요소 dm에는 접선력 $\vec{dF_t}$가 작용하는 것으로 한다. 그러면, 질량 요소 dm은 이 요소에 작용한 접선력 $\vec{dF_t}$에 의해 접선가속도 a_t를 갖게 되는데, 이를 뉴턴의 운동 제 2법칙으로 기술하면

$$dF_t = (dm)a_t \tag{1}$$

이다. 이 식의 양변에 회전축 O로부터 힘의 작용점까지의 수직거리 r을 곱하여 주면

$$r\,dF_t = r(dm)a_t \tag{2}$$

이 되는데, 이 식의 좌변은 회전축 O에 대하여 질량 요소 dm에 작용하는 접선력 $\vec{dF_t}$에 의한 미소(微少) 토크(torque, 또는 회전력) $d\tau$의 크기이다. 즉,

$$d\tau = r\,dF_t \tag{3}$$

이다. ['토크의 이해 - 회전평형' 실험의 기본 원리 참고]

그런데, 강체의 각 질량 요소들은 회전축으로부터 질량 요소까지의 수직거리 r에 따라 각기 다른 접선가속도를 갖지만, 강체의 모든 질량 요소들은 같은 각가속도를 갖는다. 이와 같은 사실은 강체의 회전 운동을 접선가속도 보다는 각가속도로 해석하는 편이 훨씬 쉽다는 것을 말해준다. 그래서 식 (2)와 (3)을 접선가속도 a_t와 각가속도 α와의 관계,

$$a_t = r\alpha \tag{4}$$

를 이용하여 다음과 같이 기술하도록 한다.

$$d\tau = r(dm)a_t = (r^2 dm)\alpha \tag{5}$$

한편, 강체를 이루는 모든 질량 요소에 작용하는 알짜 토크는 식 (5)의 양변을 적분하여 얻을 수 있는데, 이는 다음과 같다.

$$\sum \tau = \int d\tau = \left(\int r^2 dm \right) \alpha \qquad (6)$$

이 식 (6)의 우변의 괄호 안의 물리량을 강체의 관성모멘트(moment of inertia)라고 하고 I 로 쓴다. 즉,

$$I = \int r^2 dm \qquad (7)$$

이다. 관성모멘트의 SI 단위는 $kg \cdot m^2$이고, CGS 단위는 $g \cdot cm^2$이다. 이 관성모멘트 I를 이용하여 식 (6)을 다시 쓰면

$$\sum \tau = I\alpha \qquad (8)$$

로 쓸 수 있는데, 이 식 (8)은 뉴턴의 운동 제 2법칙 $\sum F = ma$와 같은 형태로, 이는 뉴턴의 운동 제 2법칙의 회전 운동에 관한 표현이다.

이상에서 식 (7)로 정의한 관성모멘트는 다음과 같은 의미를 갖는다. 병진 운동에서 힘에 저항하려는 성질을 관성이라고 한다. 그리고 이 관성의 많고 적음을 나타내는 물리량을 질량이라고 한다. 그래서 식 (9)와 같이 질량이 클수록 물체의 속도 변화율, 즉 가속도가 작아진다. 이는 질량이 클수록 주어진 힘에 대해 운동 상태의 변화(가속도)가 작게 일어남을 의미한다.

$$병진\ 운동:\ \sum F = ma \quad \Rightarrow \quad a = \frac{\sum F}{m} \qquad (9)$$

$$회전\ 운동:\ \sum \tau = I\alpha \quad \Rightarrow \quad \alpha = \frac{\sum \tau}{I} \qquad (10)$$

한편, 식 (8)로 표현되는 회전 운동에서는 회전축에 대하여 물체를 회전시키는 힘의 능률을 토크(torque, 또는 회전력)라고 하고, 이 토크에 대해 저항하려는 성질을 회전관성이라고 한다. 그리고 이 회전관성의 많고 적음을 나타내는 물리량을 관성모멘트라고 한다. 경험에 비추어 생각해 봐라! 물체를 회전시킬 때는 질량이 클수록 가속하여 회전시키기가 어렵다. 또한, 같은 질량이더라도 질량이 회전축으로부터 멀리 분포할수록 가속하여 회전시키기가 더 어렵다. 이는 식 (10)과 같이 질량이 크고 회전축으로부터 멀리 분포할수록 즉, 관성모멘트가 클수록 주어진 토크에 대해 운동 상태의 변화(각가속도)가 작게 일어남을 의미한다. 이렇게 관성모멘트는 물체의 질량과 이 질량이 회전축에 대하여 어떻게 분포하는지에 의해 결정되는 물리량이며, 토크에 저항하려는 성질인 회전관성의 척도이다.

[2] 관성모멘트의 계산

연속 질량분포의 강체가 균일한 밀도를 가진다면, 부피 질량 밀도 ρ의 정의

$$\rho = m/V \qquad (11)$$

를 이용하여 미소(微少) 질량 요소의 질량 dm은 밀도 ρ와 그 부피 dV로

$$dm = \rho dV \qquad (12)$$

과 같이 쓸 수 있으므로, 이를 식 (7)에 대입하면 관성모멘트는

$$I = \int r^2 \, dm = \rho \int r^2 \, dV \qquad (13)$$

로 기술할 수 있다. 이와 같이 질량 요소 dm 대신에 부피 요소 dV를 사용하는 것은 적분을 하는데 있어서 질량보다는 부피 적분이 훨씬 용이하기 때문이다.

만일, 균일한 밀도를 가진 연속 질량분포의 강체가 길이나 면의 형태라면, 이때는 각각 선질량 밀도와 면질량 밀도의 정의를 이용하여 다음과 같이 질량 요소 dm을 길이 요소 dL과 면적 요소 dA로 바꾸어서 길이 적분과 면적 적분으로 관성모멘트를 계산한다.

- 선질량 밀도: $\lambda = m/L \quad \Rightarrow \quad dm = \lambda dL$ $\qquad$ (14)
- 면질량 밀도: $\sigma = m/A \quad \Rightarrow \quad dm = \sigma dA$ $\qquad$ (15)

한편, 강체가 크기가 작아 질점으로 간주할 수 있는 경우에는 회전축으로부터의 질량 요소까지의 거리 r은 동일할 것이므로, 질점 형태의 강체의 경우 관성모멘트의 계산은 식 (13)으로부터

$$I = \int r^2 \, dm = r^2 \int dm = mr^2 \qquad (16)$$

이 된다.

다음의 그림 2는 우리의 실험에서 사용하는 질점으로서의 사각추와 1차원 강체로 간주할 수 있는 막대가 회전축에 대하여 회전하고 있는 것을 묘사한 것이다. 이와 같은 회전에서의 관성모멘트의 이론값은 식 (13)~(16)을 이용하여 다음과 같이 계산할 수 있다.

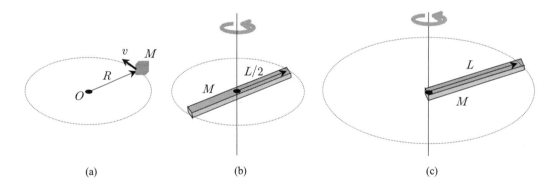

(a)   (b)   (c)

그림 2 (a) 질점의 사각추가 점 O를 중심으로 반지름 R의 원운동을 하고 있다. (b) 질량 M, 길이 L의 매우 가는 막대가 중심을 지나는 축에 대하여 회전하고 있다. (c) 질량 M, 길이 L의 매우 가는 막대가 한쪽 끝을 지나는 축에 대하여 회전하고 있다.

(1) 질점으로 간주할 수 있는 강체의 관성모멘트 계산

질점으로 간주할 수 있는 질량 M의 강체가 그림 2(a)와 같이 점 O를 중심으로 반지름 R

의 원운동을 할 때, 점 O에 대한 질점의 강체의 관성모멘트는 식 (16)에 따라

$$I_{(질점)}^{(이론)} = MR^2 \tag{17}$$

이다.

(2) 막대의 관성모멘트 계산

① 막대가 중심을 지나는 축에 대하여 회전하는 경우

질량 M, 길이 L의 균일한 질량 분포를 가진 매우 가는 막대가 중심을 지나는 축에 대하여 회전할 때, 이 축에 대한 막대의 관성모멘트는 다음과 같이 계산한다.

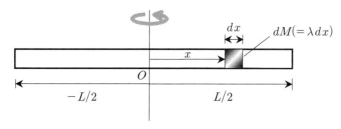

그림 3 그림 2(b)의 정면도. 매우 가는 막대가 중심을 지나는 축에 대하여 회전하고 있다.

회전축으로부터 수직거리 x만큼 떨어진 지점에 있는 미소질량 dM의 관성모멘트는

$$dI_{CM} = x^2 dM \tag{18}$$

이다. 그러면, 막대 전체의 관성모멘트는

$$I_{CM} = \int_0^I dI = \int_0^M x^2 dM \tag{19}$$

이다. 그런데, 막대의 질량분포가 균일하다고 하였으므로, 미소질량 dM은 선(질량)밀도 λ를 써서 길이의 함수로 나타낼 수 있다. 그러므로

$$\lambda = \frac{M}{L} \quad \Rightarrow \quad M = \lambda L, \quad dM = \lambda dx$$

$$I_{CM} = \int_0^M x^2 dM = \int_{-\frac{L}{2}}^{\frac{L}{2}} x^2 (\lambda dx) = \lambda \left[\frac{1}{3} x^3 \right]_{-\frac{L}{2}}^{\frac{L}{2}} = \frac{1}{12} \lambda L^3 = \frac{1}{12} (\lambda L) L^2$$

$$= \frac{1}{12} ML^2 \quad (\because \text{막대의 질량은 } M = \lambda L \text{ 이므로}) \tag{20}$$

이다.

② 막대의 한쪽 끝을 지나는 축에 대하여 회전하는 경우

질량 M, 길이 L의 균일한 질량 분포를 가진 매우 가는 막대가 한쪽 끝을 지나는 축에 대하여 회전할 때, 이 축에 대한 막대의 관성모멘트는 다음과 같이 계산한다.

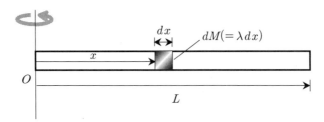

그림 4 그림 2(c)의 정면도. 매우 가는 막대가 한쪽 끝을 지나는 축에 대하여 회전하고 있다.

회전축을 막대의 한쪽 끝으로 한 이 경우는 앞선 막대의 중심을 회전축으로 한 경우와 적분 구간만 달리하고 나머지는 동일하게 계산하면 된다. 그러므로

$$I_{end} = \int_0^I dI = \int_0^M x^2 dM = \int_0^L x^2 (\lambda\, dx) = \lambda \left[\frac{1}{3} x^3 \right]_0^L = \frac{1}{3} \lambda L^3 = \frac{1}{3} (\lambda L) L^2$$

$$= \frac{1}{3} ML^2 (\because \text{막대의 질량은 } M = \lambda L \text{ 이므로}) \tag{21}$$

이다. 이러한 막대 끝과 같이 강체의 질량 중심 위치에서 벗어난 지점을 축으로 하여 회전하는 경우는 '평행축 정리'를 이용하면 관성모멘트를 쉽게 계산할 수 있다.

$$\text{평행축 정리: } I_d = I_{CM} + Md^2 \tag{22}$$

여기서, M은 강체의 질량, I_{CM}은 강체가 질량중심(CM)을 축으로 하여 회전하는 경우의 관성모멘트, d는 새로운 회전축이 질량중심으로부터 떨어진 거리이다. 위의 평행축 정리를 이용하여 막대가 중심으로부터 $L/2$의 길이만큼 떨어진 막대 끝을 축으로 하여 회전하는 경우의 관성모멘트를 다시 계산해 보면,

$$I_{end} = I_{CM} + M \left(\frac{L}{2} \right)^2 = \frac{1}{12} ML^2 + \frac{1}{4} ML^2 = \frac{1}{3} ML^2 \tag{23}$$

이 된다.

[2] 관성모멘트 측정 방법

다음의 그림 5는 우리 실험에서 사용하는 관성모멘트 측정 장치를 나타낸 것이다. 이 장치는 A자형 회전스탠드의 중앙에 작은 마찰로 회전할 수 있는 회전축이 있고, 이 축에 3단 도르래(각 층마다 지름이 다른 3단의 도르래로 구성)를 꽂은 뒤 이 도르래에 실을 감아 막대 도르

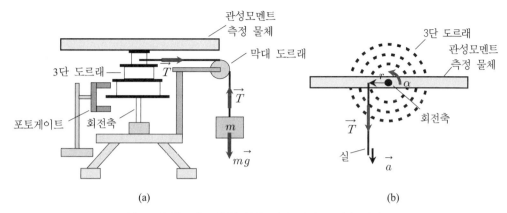

그림 5 관성모멘트 측정 장치. (a) 정면도. (b) 평면도.

래에 걸쳐 추에 연결한다. 그리고 3단 도르래 위에 관성모멘트를 측정하고자 하는 물체를 올려놓고 이 물체를 잡고 있다가 놓으면, 추에 작용하는 중력에 의해 발생한 실에 걸리는 장력이 일정한 토크로 작용하여 이 회전체(회전축+3단 도르래+관성모멘트 측정 물체)를 일정한 각가속도로 회전시킨다. 이때, 3단 도르래의 둘레를 따라 난 구멍에 포토게이트를 설치하면 회전체의 각가속도를 측정할 수 있는데, 이 각가속도와 도르래의 반지름, 추의 질량의 정보로부터 회전체(회전축+3단 도르래+관성모멘트 측정 물체)의 관성모멘트를 측정할 수 있다.

그림 5에서와 같이 실에 걸리는 장력을 T, 실을 감은 3단 도르래의 반지름, 즉 모멘트 팔 (moment arm) r, 실에 매단 추의 질량을 m, 추의 낙하 가속도를 a, 그리고 회전체(회전축 + 3단 도르래 + 관성모멘트 측정 물체)의 각가속도를 α 라고 하자. 그러면, 추의 병진 운동과 회전체의 회전 운동을 Newton의 운동 제 2법칙을 적용하여 해석하면,

$$\text{병진 운동:} \quad \sum F = mg - T = ma \quad \Rightarrow \quad T = m(g-a) \tag{24}$$

$$\text{회전 운동:} \quad \sum \tau = I\alpha \quad \Rightarrow \quad \begin{cases} \sum \tau = rF\sin\theta = rF\sin 90^\circ = rT \\ I = I_{(\text{축}+3\text{단}+\text{물체})} \end{cases}$$

$$\Rightarrow \quad rT = I_{(\text{축}+3\text{단}+\text{물체})}\,\alpha \tag{25}$$

이다. 이 식 (24)와 (25)를 연립하여 관성모멘트 $I_{(\text{축}+3\text{단}+\text{물체})}$에 관해 정리하면

$$I_{(\text{축}+3\text{단}+\text{물체})} = \frac{rT}{\alpha} = \frac{rm(g-a)}{\alpha} \tag{26}$$

이 된다. 한편, 실을 감은 도르래의 접선가속도 a_t 와 각가속도 α 의 관계는 $a_t = r\alpha$ 이고, 이 접선가속도 a_t 는 질량 m 의 물체의 병진 가속도 a 와 같으므로

$$a = a_t = r\alpha \tag{27}$$

이다. 이 관계를 식 (26)에 대입하고 정리하면

$$I_{(\text{축}+3\text{단}+\text{물체})}= mr^2\left(\frac{g}{a}-1\right)= mr^2\left(\frac{g}{r\alpha}-1\right)= mr\left(\frac{g-r\alpha}{\alpha}\right) \tag{28}$$

이 된다. 앞서 언급한 바와 같이 이 식 (28)로부터 회전체의 회전축에 대한 관성모멘트 I는 추의 질량 m과 추의 가속도 a 또는 회전체의 각가속도 α, 그리고 실을 감은 3단 도르래의 반지름 r을 측정함으로써 그 값을 구할 수 있음을 알 수 있다.

이상의 논의에 덧붙여, 질량 m의 추를 정지 상태로부터 낙하시키고 추의 낙하 거리 h와 낙하 시간 t를 측정할 수 있다면,

$$h=\frac{1}{2}at^2 \tag{29}$$

의 운동방정식으로부터 가속도는

$$a=\frac{2h}{t^2} \tag{30}$$

가 되고, 이 가속도를 이용하여 식 (28)의 관성모멘트의 측정값을 다시 쓰면

$$I_{(\text{축}+3\text{단}+\text{물체})}= mr^2\left(\frac{g\,t^2}{2h}-1\right) \tag{31}$$

이 된다. 만일, 실험하는 데 있어서 가속도 측정 장치를 가지고 있지 않다면, 이와 같이 낙하 거리 h와 낙하 시간 t를 측정하여 관성모멘트를 구하는 것도 좋은 측정 방법이 될 것이다.

4. 실험 기구

○ 회전운동 실험 장치
  • A자형 회전스탠드
  • 3단 도르래
  • 알루미늄 트랙
  • 사각질량
  • 막대 도르래
○ 강체: 사각추(2), 막대(1)
○ 포토게이트 타이머 시스템
  • 포토게이트 타이머
  • 포토게이트(1)
○ 버니어 캘리퍼스
○ 줄자
○ 추 세트
○ 실

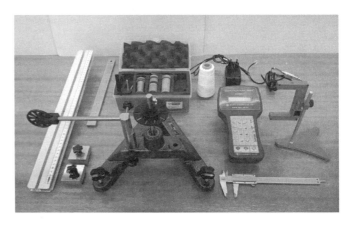

그림 6 관성모멘트 측정 실험 기구

5. 실험 방법

[1] 준비 단계 – 회전스탠드의 수평 잡기

(1) 회전스탠드를 구성한다.

① 먼저, 그림 9~12에서와 같이 실을 매단 추걸이가 실험테이블에 걸리지 않고 자유롭게 내려갈 수 있도록 실험테이블의 모서리 근처 적당한 위치에 회전스탠드를 놓는다.

② 그림 7과 같이 회전스탠드의 중심 회전축에 3단 도르래를 꽂고 그 위에 알루미늄 트랙을 얹는다. 그리고 알루미늄 트랙 밑에 있는 조임나사를 조여서 고정시킨다.

그림 7 회전스탠드를 구성한다.

(2) 회전스탠드 위의 알루미늄 트랙이 수평을 이루도록 조절한다.

① 알루미늄 트랙의 한쪽 끝에 사각질량을 얹고, 질량이 트랙 위에서 미끄러지지 않도록 조임나사로 고정시킨다. [그림 8 참조]

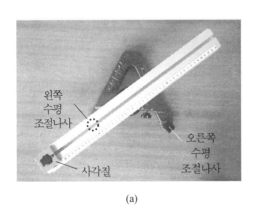

(a)

그림 8 (a), (b) 회전스탠드를 수평이 되게 한다.

(b)

② 먼저 오른쪽 수평조절나사를 조절하여 그림 8(a)와 같이 알루미늄 트랙이 왼쪽 수평 조절나사 바로 위에 위치하게 한다.

③ 이번에는 왼쪽 수평조절나사를 조절하여 그림 8(b)와 같이 알루미늄 트랙이 반시계 방향으로 90도 회전하여 A자형 회전스탠드의 오른쪽 다리와 평행이 되게 한다.

④ 이렇게 하면 알루미늄 트랙은 수평조절이 된 것이다. 트랙을 살짝 회전시켜 보아라. 트랙은 일정하게 회전할 것이다. 만일, 트랙의 회전이 일정하지 못하면 과정 ①～③ 을 다시 수행하여 트랙이 수평을 이루도록 조절한다.

★ 트랙의 수평 잡기 과정을 수행한 이후에는 회전스탠드가 움직이지 않도록 주의한다.

(3) 알루미늄 트랙을 제거한다.

[2] 회전 장치의 기본 틀(회전축+3단 도르래+알루미늄 트랙)의 관성모멘트 측정

우리 실험에서는 강체로서의 질점의 물체와 막대형 물체의 관성모멘트를 측정하고자 한다. 그런데, 이러한 질점의 물체나 막대형 물체를 회전시키기 위해서는 알루미늄 트랙이라는 것을 사용하여야 한다. 이 알루미늄 트랙은 그 중심을 3단 도르래 위에 꽂아 A자형 회전스탠드에 장치하며 트랙의 윗면에 나 있는 홈을 따라 질점의 물체인 사각추나 막대형 물체를 올려놓아 회전시킬 수 있는 장치로 회전 운동에 꼭 필요하다. 그러므로 이 알루미늄 트랙 위에 각각 질점의 사각추와 막대형 물체를 올려놓고 회전시키며 이 물체들의 관성모멘트를 측정하고자 하는 우리의 실험에서는, 회전축과 3단 도르래 그리고 알루미늄 트랙의 관성모멘트는 그 측정을 원하지 않지만 측정하고자 하는 물체의 관성모멘트와 함께 불가피하게 측정된다. 그래서 이번 실험 단계에서는 회전축과 3단 도르래 그리고 알루미늄 트랙을 합한 것을 회전 장치의 기본 틀(회전축+3단 도르래+알루미늄 트랙)이라 하여 관성모멘트를 먼저 측정해 두고, 이후 실험에서 이 값을 빼는 것으로써 우리가 측정하고자 하는 물체의 관성모멘트만 측정할 수 있게 된다.

(1) 3단 도르래의 실을 감을 수 있는 부분, 즉 3개 층의 도르래 부분의 지름을 각각 버니어 캘리퍼스로 측정하고, 그 값을 반으로 나누어 반지름 r이라 하고 기록한다. [버니어 캘리퍼스의 사용법은 이 교재 P12의 '계측기기 사용법'을 참조한다.]

(2) 적당한(약 60~80 cm 정도) 길이의 <u>매우 가는 실</u>을 3단 도르래의 3개 층의 경계면에 난 구멍 중 하나에 넣고 묶는다. 그리고 실의 다른 쪽 끝은 추걸이에 묶고 막대 도르래에 걸쳐 놓는다. [그림 9 참조]

★ 3단 도르래에는 실을 넣어 묶을 수 있는 구멍이 3개 있다. 어느 구멍에 넣느냐는 어느 지름의 도르래에 실을 묶어 회전시킬 것인지를 결정하게 된다. 이때 실을 감는 도르래의 반지름이 회전 장치를 회전시키는 데 작용한 토크의 모멘트 팔(moment arm)이 된다. 곧, 식 (25)의 r이 된다.

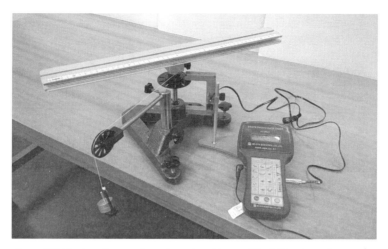

그림 9 회전축과 3단 도르래 그리고 알루미늄 트랙을 합한 회전 장치의 기본틀의
관성모멘트를 측정한다.

(3) 3단 도르래에 10개의 구멍으로 나 있는 피켓 펜스(picket fence)에 포토게이트의 센서가
통과하도록 그림 9와 같이 포토게이트를 설치한다.

(4) 3단 도르래 위에 알루미늄 트랙을 얹고 알루미늄 트랙 밑에 있는 조임나사를 조여서 고정
시킨다.

(5) 포토게이트의 연결잭을 포토게이트 타이머의 오른쪽 '1번' 단자에 삽입한다. 그리고 타이
머의 'MEASUREMENT' 버튼을 눌러 측정의 종류를 가속도인 'Accel→'에 둔다. 이어
'MODE' 버튼을 눌러 <u>평균 각가속도를 측정하는</u> 'Accel→Ang Pulley' 모드가 되게 한다.

★ 'Accel→Ang Pulley' 모드는 3단 도르래가 한바퀴(피켓 펜스의 10개의 구멍을 지나는 즉, 2π
rad의 각) 회전하는 동안의 평균 각가속도를 측정해 준다. <u>이 측정된 각가속도의 단위는
rad/s^{2}이다.</u>

(6) 추걸이에 적당량의 추를 달고 추걸이와 추를 합한 질량을 m이라고 하고 기록한다.

★ 추걸이의 질량은 5.5g 이다.

★ 이후 실험 과정에서 적절한 가속도를 만들어 내기 위해 추의 질량은 언제든지 바꿔도 된다. 현
재는 실을 팽팽하게 할 목적으로 추를 다는 게 더 큰 목적이다.

★ '적당량의 추'라는 말이 의미하는 바가 어려울 것이다. 추걸이에 다는 추의 양이나 실을 감는
도르래의 선택에 따라 회전체의 각가속도는 커질 수도 작아질 수도 있다. 이론적으로는 이러한
각가속도의 크기에 상관없이 관성모멘트의 측정은 동일하여야 하나 실험에서는 회전체가 회전
중에 받는 공기 저항, 포토게이트 타이머의 정확도나 측정값의 반올림 등의 여러 요소가 각가
속도의 크기에 따라 달라질 수 있다. 그러므로 실험자는 어느 정도 추를 달아 가속시킬지를 충
분히 고려해 볼 필요가 있다.

(7) 알루미늄 트랙이나 회전축을 돌려 3단 도르래 중 실험자가 선택한 지름의 도르래에 실을
감는다. 이때, 감긴 실 위에 실이 덧대어 감기지 않게 한다. 그리고 알루미늄 트랙을 살짝

잡아 실이 풀리지 않게 한다.

★ 과정 (2)에서도 언급 하였듯이 우리의 실험에서는 실을 감은 도르래의 반지름을 측정하여 모멘트 팔(moment arm) r 로 삼는다. 그런데 도르래의 감긴 실 위에 실을 덧대어 감으면 실의 두께에 의한 영향으로 이미 도르래의 반지름으로 하여 측정해 둔 r 이 커져 버리게 된다. 그리고 덧대어 감긴 실이 풀리면서 r 이 변하게도 된다. 이러한 변화들은 회전체의 각가속도에도 고스란히 반영되어 여러 측정 요소들을 정확히 측정하거나 제어하기가 매우 어렵게 된다.

(8) 그림 10과 같이 막대 도르래 위를 지나는 실이 막대 도르래와 평행이 되도록 3단 도르래의 높이를 조절한다.

그림 10 실이 막대 도르래와 평행이 되어야 실에 걸리는 장력이 온전히 토크로 작용한다.

(9) 막대 도르래를 움직여 그림 11과 같이 막대 도르래가 실과 '1자(나란히)'가 되게 한다.

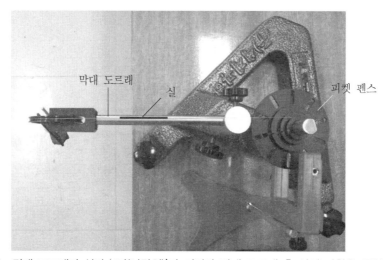

그림 11 막대 도르래가 실과 '1자(나란히)'가 되어야 막대 도르래 축 상의 마찰을 줄일 수 있다.

(10) 잡고 있던 알루미늄 트랙을 살짝 놓은 후 바로(대략 알루미늄 트랙이 1/4 회전 이전에) 포토게이트 타이머의 'START/STOP' 버튼을 눌러 3단 도르래의 각가속도를 측정하고, 이를 α라 하고 기록한다. 알루미늄 트랙이 한 바퀴 회전하며 포토게이트 타이머에 각가속도가 측정되면 회전하는 알루미늄 트랙을 잡아 세우고, 역으로 한 바퀴 돌려 처음과 같은 위치에 둔다.

★ 알루미늄 트랙은 회전 중에 원치 않는 공기 저항을 받게 된다. 그러므로 이러한 공기 저항이 작은 시점인 회전 초기 느리게 운동할 때에 각가속도를 측정하기 위해 '바로'라는 제안을 한 것이다.

★ 만일, 포토게이트 타이머 화면에 'ov'라는 문자가 나타나면, 이때는 각가속도가 너무 커서 포토게이트가 측정할 수 있는 범위를 넘어선 경우이므로, 이러한 경우 각가속도를 줄이기 위해서 추걸이 단 추의 질량을 줄여 실험하도록 한다. 반면에, 회전축이 멈칫멈칫하며 회전하는 경향을 보이면 이때는 충분히 가속이 이루어지지 않은 것이니 추걸이에 단 추의 질량을 늘려 실험하도록 한다.

(11) 과정 (10)을 9회 더 반복 수행하여 총 10회 실험한다.

(12) 실을 감은 3단 도르래의 반경 r, 추걸이와 추의 합 질량 m, 각가속도 α의 평균값을 식 (28)에 대입하여 회전 장치의 기본 틀(회전축+3단 도르래+알루미늄 트랙)의 관성모멘트 $I_{(기본 틀)}$을 구한다.

$$I_{(기본 틀)} = mr^2\left(\frac{g}{r\alpha} - 1\right) \tag{29}$$

[3] 질점으로 간주할 수 있는 사각추의 관성모멘트 측정

실험 장치 제조사에서 제공한 사각추는 대칭성은 좋으나 크기가 커서 질점으로 가정할 수 없다. 오히려 짧은 막대나 사각 판으로 간주하는 게 더 적당하다. 하지만, 사각추를 대체할 만한 마땅한 질점 시료가 없다면 오차를 감안하고 이 사각추를 질점으로 가정한 시료로 사용하도록 한다. 이하에서는 질점으로 가정한 시료를 사각추라고 명명한다.

(1) 사각추의 질량을 측정하여 M이라 하고 기록한다.

(2) 그림 12와 같이 사각추를 회전 장치의 회전축 상($R = 0\,\mathrm{cm}$), 즉 알루미늄 트랙의 정중앙에 올려놓고 사각추의 관성모멘트를 측정한다.

① 식 (17)을 이용하여 사각추의 관성모멘트의 이론값을 계산하고 $I^{이론}_{(사각추)}$이라 하여 기록한다.

$$I^{이론}_{(사각추)} = MR^2 \tag{30}$$

② 실험 [2]의 과정 (6)~(11)을 수행하여 사각추와 기본 틀을 합한 회전체의 각가속도를

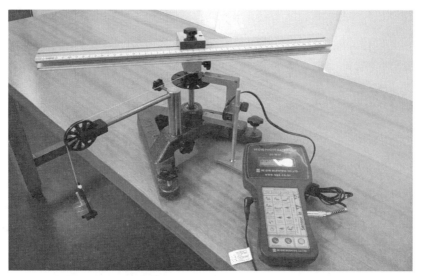

그림 12 사각추의 관성모멘트를 측정하기 위해 알루미늄 트랙 위에 사각추를 올려놓고
회전 장치를 회전시켜 기본 틀과 사각추를 합한 회전체의 관성모멘트를 측정
한다.

측정한다.

③ 측정한 각가속도를 식 (29)에 대입하여 사각추와 기본 틀을 합한 회전체의 관성모멘
트를 구한다.

$$I_{(기본\ 틀\ +\ 사각추)} = mr^2\left(\frac{g}{r\alpha} - 1\right) \tag{31}$$

④ 사각추와 기본 틀을 합한 회전체의 관성모멘트에서 실험 [2]에서 구한 기본 틀의 관성
모멘트를 빼서 사각추만의 관성모멘트를 구한다.

★ 하나의 물체가 여러 조각들로 구성된 경우 이 물체의 질량은 여러 조각들의 질량의 합으로
나타날 수 있다. 마찬가지로 관성모멘트의 경우도 <u>회전축이 동일하다면</u> 하나의 물체의 관성
모멘트를 여러 조각의 관성모멘트의 합으로 나타낼 수 있다. 관성모멘트가 회전축의 선택에
따라 달라지므로 이렇게 동일한 회전축에 대해서만 그 합(더하기)이 정의된다. 합과 마찬가
지로 차(빼기)도 동일하게 정의된다.

$$I_{(사각추)} = I_{(기본\ 틀\ +\ 사각추)} - I_{(기본\ 틀)} \tag{32}$$

⑤ 사각추의 관성모멘트의 이론값 $I_{(사각추)}^{이론}$ 과 실험값 $I_{(사각추)}$ 을 비교하여 본다.

(3) 사각추를 회전 장치의 회전축으로부터 $R = 5\,\mathrm{cm}$ 에 지점에 올려놓고 사각추 시료의 관성
모멘트를 측정한다.

(4) 사각추를 회전 장치의 회전축으로부터 $R = 10\,\mathrm{cm}$ 에 지점에 올려놓고 사각추 시료의 관

성모멘트를 측정한다.

(5) 사각추를 회전 장치의 회전축으로부터 $R = 20\,\text{cm}$ 에 지점에 올려놓고 사각추 시료의 관성모멘트를 측정한다.

(6) 회전 장치의 회전축으로부터 $R = 5\,\text{cm}$, $10\,\text{cm}$, $20\,\text{cm}$ 의 세 지점 중 한 지점에 동일한 사각추를 하나 더 올려놓아 사각추의 질량을 2배로 한 후, 이 사각추들의 관성모멘트를 측정한다.

 ★ 추가의 사각추는 기존의 사각추와 회전축에 대하여 대칭적인 위치에 올려놓으면 된다.

(7) 과정 (2)~(6)의 실험 결과를 근거로 하여 회전축으로부터의 사각추의 위치 변화와 질량 변화에 따른 관성모멘트의 변화를 확인하고, 강체의 관성모멘트가 질량과 회전축에 대하여 질량의 분포에 관계함을 이해한다.

(8) 알루미늄 트랙으로부터 사각추를 제거한다.

[4] 1차원 강체로 간주할 수 있는 막대의 관성모멘트 측정

(1) 막대의 중심을 지나는 축에 대한 관성모멘트 측정

 ① 막대의 질량을 측정하여 이를 M 이라 하고 기록한다.

 ② 막대의 길이를 측정하여 L 이라 하고 기록한다.

 ③ 식 (20)을 이용하여 막대의 중심을 지나는 축에 대한 관성모멘트의 이론값을 계산하고 $I_{(\text{막대},\, CM)}^{\text{이론}}$ 이라 하여 기록한다.

$$I_{(\text{막대},\, CM)}^{\text{이론}} = \frac{1}{12}ML^2 \tag{33}$$

 ④ 막대의 중심이 회전축의 중심에 오도록 막대를 알루미늄 트랙 위에 올려놓고 고정시킨 후, 실험 [2]의 과정 (6)~(11)을 수행하여 막대와 기본 틀을 합한 회전체의 각가속도를 측정한다.

 ⑤ 측정한 각가속도를 식 (28)에 대입하여 막대와 기본 틀을 합한 회전체의 관성모멘트를 구한다.

$$I_{(\text{기본 틀}+\text{막대},\, CM)} = mr^2\left(\frac{g}{r\alpha} - 1\right) \tag{34}$$

 ⑥ 막대와 기본 틀을 합한 회전체의 관성모멘트에서 실험 [2]에서 구한 기본 틀의 관성모멘트를 빼서 막대만의 관성모멘트를 구한다.

$$I_{(\text{막대},\, CM)} = I_{(\text{기본 틀}+\text{막대},\, CM)} - I_{(\text{기본 틀})} \tag{35}$$

 ⑦ 막대의 중심을 지나는 축에 대한 관성모멘트의 이론값 $I_{(\text{막대},\, CM)}^{\text{이론}}$ 과 실험값

$I_{(\text{막대, } CM)}$ 을 비교하여 본다.

(2) 막대의 한쪽 끝을 지나는 축에 대한 관성모멘트 측정

① 식 (21) 또는 (23)을 이용하여 막대의 끝을 지나는 축에 대한 관성모멘트의 이론값을 계산하고 $I_{(\text{막대, } end)}^{\text{이론}}$ 이라 하여 기록한다.

$$I_{(\text{막대, } end)}^{\text{이론}} = \frac{1}{3}ML^2 \tag{36}$$

② 막대의 한쪽 끝이 회전축의 중심에 오도록 막대를 알루미늄 트랙 위에 올려놓고 고정시킨 후, 실험 [2]의 과정 (6)~(11)을 수행하여 막대와 기본 틀을 합한 회전체의 각가속도를 측정한다.

③ 측정한 각가속도를 식 (28)에 대입하여 막대와 기본 틀을 합한 회전체의 관성모멘트를 구한다.

$$I_{(\text{기본 틀} + \text{막대, } end)} = mr^2\left(\frac{g}{r\alpha} - 1\right) \tag{37}$$

④ 막대와 기본 틀을 합한 회전체의 관성모멘트에서 실험 [2]에서 구한 기본 틀의 관성모멘트를 빼서 막대만의 관성모멘트를 구한다.

$$I_{(\text{막대, } end)} = I_{(\text{기본 틀} + \text{막대, } end)} - I_{(\text{기본 틀})} \tag{38}$$

⑤ 막대의 끝을 지나는 축에 대한 관성모멘트의 이론값 $I_{(\text{막대, } end)}^{\text{이론}}$ 과 실험값 $I_{(\text{막대, } end)}$ 을 비교하여 본다.

(3) 실험 (1)~(2)의 결과를 근거로 하여 회전축의 선택에 따라 막대의 관성모멘트가 달라짐을 확인하고, 강체의 관성모멘트가 회전축에 대한 질량의 분포에 관계함을 이해한다.

실험 제목	관성모멘트 측정		실험일시	
학과 (요일/교시)		조	보고서 작성자 이름	

* 다음의 물음에 대하여 괄호 넣기나 번호를 써서, 또는 간단히 기술하는 방법으로 답하여라.

1. 병진 운동에서 힘에 저항하려는 성질을 관성이라고 한다. 그리고 이 관성의 많고 적음을 나타내는 물리량을 (　　　)이라고 한다. 그래서 질량이 (　　)수록 물체의 속도 변화율, 즉 가속도가 작아진다. 이는 질량이 (　　)수록 주어진 힘에 대해 운동 상태의 변화(가속도)가 작게 일어남을 의미한다. 한편, 회전 운동에서는 회전축에 대하여 물체를 회전시키는 힘의 능률을 토크(torque, 또는 회전력)라고 하고, 이 (　　　)에 대해 저항하려는 성질을 회전관성이라고 한다. 그리고 이 회전관성의 많고 적음을 나타내는 물리량을 (　　　　　)라고 한다. 경험에 비추어 생각해 봐라! 물체를 회전시킬 때는 질량이 (　　)수록 가속하여 회전시키기가 어렵다. 또한, 같은 질량이더라도 질량이 회전축으로부터 (　　) 분포할수록 가속하여 회전시키기가 더 어렵다. 이는 질량이 (　　)고 회전축으로부터 (　　) 분포할수록 즉, (　　　　　)가 클수록 주어진 토크에 대해 운동 상태의 변화(각가속도)가 작게 일어남을 의미한다. 이렇게 (　　　　　)는 물체의 질량과 이 질량이 (　　　　　)에 대하여 어떻게 분포하는지에 의해 결정되는 물리량이며, 토크에 저항하려는 성질인 회전관성의 척도이다.

2. 질점으로 간주할 수 있는 질량 M의 강체가 한 점 O를 중심으로 반지름 R의 원운동을 할 때, 이 점 O에 대한 질점의 강체의 관성모멘트는 어떻게 기술되는가?

   $$I_{(질점)} =$$

3. 관성모멘트의 단위는 SI 단위계에서 (　　　　　)이다.

4. 질량 M, 길이 L의 균일한 질량 분포를 가진 매우 가는 막대가 막대의 중심을 지나는 축에 대하여 회전하는 경우, 이 축에 대한 막대의 관성모멘트를 기술하여라.

   $$I_{(막대, CM)} =$$

5. 질량 M, 길이 L의 균일한 질량 분포를 가진 매우 가는 막대가 막대의 한쪽 끝을 지나는 축에 대하여 회전하는 경우, 이 축에 대한 막대의 관성모멘트를 기술하여라.

   $$I_{(막대, end)} =$$

6. 다음의 그림 5는 관성모멘트 측정 장치를 그린 것이다. 이 그림과 같은 실험을 통해 회전 장치의 회전축과 3단 도르래, 그리고 그 위에 얹은 관성모멘트 측정 물체를 합한 관성모멘트

$I_{(축 + 3단 + 물체)}$를 구하는 식을 유도하여라.

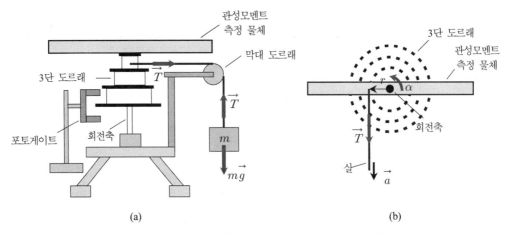

그림 5 관성모멘트 측정 장치. (a) 정면도. (b) 평면도.

- Newton의 운동 제 2법칙 적용

    – 병진 운동: $\sum F = ($ $) = ma \Rightarrow T = ($ $)$

    – 회전 운동: $\sum \tau = I\alpha \Rightarrow \left(\begin{array}{l} \sum \tau = ($ $) \\ I = I_{(축 + 3단 + 원반)} \end{array} \right.$

$$\Rightarrow ($ $) = I_{(축 + 3단 + 원반)} \alpha$$

- $I_{(축 + 3단 + 원반)} = \dfrac{($ $)}{\alpha} = \dfrac{($ $)}{\alpha}$ 『 $a = a_t = r\alpha$ 』

- $I_{(축 + 3단 + 원반)} = mr^2\left(\dfrac{g}{a} - 1\right) = ($ $) = mr\left(\dfrac{g - r\alpha}{\alpha}\right)$

7. 다음 중 이 실험에서 사용하는 실험 기구가 아닌 것은? (   )

① 회전운동 실험 장치   ② 공기펌프   ③ 사각추

④ 버니어 캘리퍼스   ⑤ 포토게이트 타이머 시스템

8. 다음은 3단 도르래의 지름을 버니어 캘리퍼스를 이용하여 측정한 결과를 그림으로 나타낸 것이다. 그림에서 아들자의 눈금 '2.5'에 일치하게 화살표로 표시한 지점은 어미자와 아들자의 눈금이 일치하는 지점이다. 이 3단 도르래의 지름은 얼마인가? (mm)

9. '[2] 회전 장치의 기본 틀(회전축+3단 도르래+알루미늄 트랙)의 관성모멘트 측정' 실험의
과정 (8)과 (9)를 써 보아라.

과정 (8) _____

과정 (9) _____

7. 결과

실험 제목	관성모멘트 측정		실험일시	
학과 (요일/교시)		조	보고서 작성자 이름	

[1] 실험값

(1) 실험1 – [2] 회전 장치의 기본 틀(회전축+3단 도르래+알루미늄 트랙)의 관성모멘트 측정

○ 3단 도르래의 반지름 r

• 상단 도르래: $r =$ cm

• 중단 도르래: $r =$ cm

• 하단 도르래: $r =$ cm

○ 추걸이와 추를 합한 질량 $m =$ g

○ 3단 도르래 중 실을 감은 도르래의 반지름 $r =$ cm

단위: rad/s^2

각가속도 회	1회	2회	3회	4회	5회	6회	7회	8회	9회	10회	평균
α											

○ 각가속도 α 측정값

▶ $I_{(기본틀)} = mr^2 \left(\dfrac{g}{r\alpha} - 1 \right) =$ $\text{g} \cdot \text{cm}^2$

(2) 실험2 – [3] 질점으로 간주할 수 있는 사각추의 관성모멘트 측정

○ 사각추의 질량 $M =$ g

① 사각추의 회전 반지름 $R =$ cm

• $I_{(사각추)}^{이론} = MR^2 =$ $\text{g} \cdot \text{cm}^2$

• 추걸이와 추를 합한 질량 $m =$ g

• 3단 도르래 중 실을 감은 도르래의 반지름 $r =$ cm

- 각가속도 α 측정값

단위: rad/s^2

각가 속도 \ 회	1회	2회	3회	4회	5회	6회	7회	8회	9회	10회	평균
α											

▶ $I_{(기본틀+사각추)} = mr^2\left(\dfrac{g}{r\alpha} - 1\right) =$　　　　　$\text{g} \cdot \text{cm}^2$

▶ $I_{(사각추)} = I_{(기본틀+사각추)} - I_{(기본틀)} =$　　　　　$\text{g} \cdot \text{cm}^2$

▶ 상대오차: $\dfrac{I^{이론}_{(사각추)} - I_{(사각추)}}{I^{이론}_{(사각추)}} \times 100\,\% =$　　　$\%$

② 사각추의 회전 반지름 $R =$　　　cm

- $I^{이론}_{(사각추)} = MR^2 =$　　　　　$\text{g} \cdot \text{cm}^2$
- 추걸이와 추를 합한 질량 $m =$　　　g
- 3단 도르래 중 실을 감은 도르래의 반지름 $r =$　　　cm
- 각가속도 α 측정값

단위: rad/s^2

각가 속도 \ 회	1회	2회	3회	4회	5회	6회	7회	8회	9회	10회	평균
α											

▶ $I_{(기본틀+사각추)} = mr^2\left(\dfrac{g}{r\alpha} - 1\right) =$　　　　　$\text{g} \cdot \text{cm}^2$

▶ $I_{(사각추)} = I_{(기본틀+사각추)} - I_{(기본틀)} =$　　　　　$\text{g} \cdot \text{cm}^2$

▶ 상대오차: $\dfrac{I^{이론}_{(사각추)} - I_{(사각추)}}{I^{이론}_{(사각추)}} \times 100\,\% =$　　　$\%$

③ 사각추의 회전 반지름 $R =$　　　cm

- $I^{이론}_{(사각추)} = MR^2 =$　　　　　$\text{g} \cdot \text{cm}^2$
- 추걸이와 추를 합한 질량 $m =$　　　g
- 3단 도르래 중 실을 감은 도르래의 반지름 $r =$　　　cm
- α 측정값

각가속도 \ 회	1회	2회	3회	4회	5회	6회	7회	8회	9회	10회	평균
α											

▶ $I_{(기본틀+사각추)} = mr^2\left(\dfrac{g}{r\alpha} - 1\right) = $ $\mathrm{g \cdot cm^2}$

▶ $I_{(사각추)} = I_{(기본\ 틀+사각추)} - I_{(기본\ 틀)} = $ $\mathrm{g \cdot cm^2}$

▶ 상대오차: $\dfrac{I^{이론}_{(사각추)} - I_{(사각추)}}{I^{이론}_{(사각추)}} \times 100\ \% = $ $\%$

④ 사각추의 회전 반지름 $R = $ cm

• $I^{이론}_{(사각추)} = MR^2 = $ $\mathrm{g \cdot cm^2}$

• 추걸이와 추를 합한 질량 $m = $ g

• 3단 도르래 중 실을 감은 도르래의 반지름 $r = $ cm

• 각가속도 α 측정값

각가속도 \ 회	1회	2회	3회	4회	5회	6회	7회	8회	9회	10회	평균
α											

▶ $I_{(기본틀+사각추)} = mr^2\left(\dfrac{g}{r\alpha} - 1\right) = $ $\mathrm{g \cdot cm^2}$

▶ $I_{(사각추)} = I_{(기본\ 틀+사각추)} - I_{(기본\ 틀)} = $ $\mathrm{g \cdot cm^2}$

▶ 상대오차: $\dfrac{I^{이론}_{(사각추)} - I_{(사각추)}}{I^{이론}_{(사각추)}} \times 100\ \% = $ $\%$

⑤ 사각추의 질량 $M = $ g, 사각추의 회전 반지름 $R = $ cm.

• $I^{이론}_{(사각추)} = MR^2 = $ $\mathrm{g \cdot cm^2}$

• 추걸이와 추를 합한 질량 $m = $ g

• 3단 도르래 중 실을 감은 도르래의 반지름 $r = $ cm

• 각가속도 α 측정값

각가속도＼회	1회	2회	3회	4회	5회	6회	7회	8회	9회	10회	평균
α											

▶ $I_{(기본틀+사각추)} = mr^2\left(\dfrac{g}{r\alpha} - 1\right) =$ $\text{g}\cdot\text{cm}^2$

▶ $I_{(사각추)} = I_{(기본틀+사각추)} - I_{(기본틀)} =$ $\text{g}\cdot\text{cm}^2$

▶ 상대오차: $\dfrac{I^{이론}_{(사각추)} - I_{(사각추)}}{I^{이론}_{(사각추)}} \times 100\ \% =$ $\%$

(3) 실험3 – [4] 1차원 강체로 간주할 수 있는 막대의 관성모멘트 측정

○ 막대의 질량 $M =$ g
○ 막대의 길이 $L =$ cm

① 막대의 중심을 지나는 축에 대한 관성모멘트 측정

• $I^{이론}_{(막대,\ CM)} = \dfrac{1}{12}ML^2 =$ $\text{g}\cdot\text{cm}^2$

• 추걸이와 추를 합한 질량 $m =$ g

• 3단 도르래 중 실을 감은 도르래의 반지름 $r =$ cm

단위: rad/s^2

각가속도＼회	1회	2회	3회	4회	5회	6회	7회	8회	9회	10회	평균
α											

▶ $I_{(기본틀+막대,\ CM)} = mr^2\left(\dfrac{g}{r\alpha} - 1\right) =$ $\text{g}\cdot\text{cm}^2$

▶ $I_{(막대,\ CM)} = I_{(기본틀+막대,\ CM)} - I_{(기본틀)} =$ $\text{g}\cdot\text{cm}^2$

▶ 상대오차: $\dfrac{I^{이론}_{(막대,\ CM)} - I_{(막대,\ CM)}}{I^{이론}_{(막대,\ CM)}} \times 100\ \% =$ $\%$

② 막대의 한쪽 끝을 지나는 축에 대한 관성모멘트 측정

• $I^{이론}_{(막대,\ end)} = \dfrac{1}{3}ML^2 =$ $\text{g}\cdot\text{cm}^2$

- 추걸이와 추를 합한 질량 $m =$ _____ g
- 3단 도르래 중 실을 감은 도르래의 반지름 $r =$ _____ cm
- α 측정값

단위: rad/s^2

각가 속도 \\ 회	1회	2회	3회	4회	5회	6회	7회	8회	9회	10회	평균
α											

▶ $I_{(\text{기본틀}+\text{막대}, end)} = mr^2\left(\dfrac{g}{r\alpha} - 1\right) =$ _____ g $\cdot$ cm^2

▶ $I_{(\text{막대}, end)} = I_{(\text{기본 틀}+\text{막대}, end)} - I_{(\text{기본 틀})} =$ _____ g $\cdot$ cm^2

▶ 상대오차: $\dfrac{I^{\text{이론}}_{(\text{막대}, end)} - I_{(\text{막대}, end)}}{I^{\text{이론}}_{(\text{막대}, end)}} \times 100\ \% =$ _____ %

[2] 결과 분석

[3] 오차 논의 및 검토

[4] 결론

1. 실험 목적

단진자를 이용하여 중력가속도를 측정한다. 그리고 중력가속도 실험식을 이끌어 낸 진자의 단조화운동을 이해한다.

2. 실험 개요

작은 쇠구슬을 실에 매달아 진자를 구성한 후 연직면 상에서 5° 이내의 작은 각으로 진동 운동시키고 진자의 단조화운동을 관찰하며 포토게이트 타이머 시스템을 이용하여 진자의 주기를 측정한다. 이 주기 측정값과 진자의 길이 측정값을 식 (12)의 중력가속도 실험식에 대입하여 중력가속도를 구한다. 이어 진자의 길이를 변화시켜가면서도 실험하며 진자의 길이 변화에 따른 주기 변화를 관찰하고 중력가속도를 측정한다. 이렇게 측정한 중력가속도의 실험값을 중력가속도의 참값(979.94 cm/s^2)과 비교하여 그 일치를 확인하여 본다. 그리고 일치의 확인으로부터 단조화운동을 해석하여 얻은 중력가속도 실험식이 옳음을 확인하고, 이를 통해 단조화운동을 이해하도록 한다.

3. 기본 원리

물체를 실에 매달아 진자를 구성한 뒤 연직선상에서 진동시킨다고 하자. 그런데, 이를 지구와 달 표면에서 각각 수행한다고 하면, 과연 이 두 곳에서의 진자의 진동주기는 같을까? 이에 우리는 별다른 고민 없이 같지 않다고 답할 수 있을 것이다. 아무래도 중력이 더 큰 지구에서 진자를 더 큰 힘으로 잡아당기니까 진자가 더 빨리 연직선의 평형점에 이르게 되어 진자의 진동주기가 빠를 것이라고 생각되기 때문이다. 만일, 이런 생각이 옳다면 진자의 주기는 중력의 세기 또는 중력가속도와 관련이 있음을 추론할 수 있으므로, 먼저 진자의 주기와 중력가속도의 관계를 알아내고 이를 역으로 하여, 쉬이 측정할 수 있는 진자의 주기를 측정함으로써 중력가속도를 구할 수 있을 것이다.

[1] 단진자의 단조화운동

부피가 매우 작아 점으로 간주할 수 있는 질량 m 의 물체(질점이라고 함)를 그림 1과 같이 길이 L 의 실에 매달아 연직선에 대하여 θ 만큼 변위시켰다가 놓으면, 실에 매달린 질점(이후로는 진자라고 함)은 연직선 근방에서 좌우로 동일한 진폭 범위를 왕복 운동하게 된다. 즉, 진동 운동하게 된다. 이와 같은 진자의 진동운동은 질점에 작용하는 중력 mg 의 원호의 접선 성분인 $mg\sin\theta$ 가 연직선을 평형 위치로 하는 복원력으로 작용한 결과이다. 이를 뉴턴의 운동 제 2법칙을 적용하여 기술하면 다음과 같다.

$$\sum F_t = -mg\sin\theta = ma_t \tag{1}$$

여기서, 음의 부호는 복원력으로 작용한 접선력이 각의 증가(또는 연직선에 대한 원호의 길이 s)에 대해 반대 방향인 연직선(평형 위치)으로 향하는 것을 나타낸다. 그런데, 이 식 (1)을 가속도의 정의

$$a = \frac{dv}{dt} = \frac{d^2s}{dt^2} \tag{2}$$

을 이용하여 다시 쓰면, 식 (1)은

$$-mg\sin\theta = m\frac{d^2s}{dt^2} \tag{3}$$

이 된다. 여기서, s 는 진자의 운동 경로인 원호를 따라 측정되는 거리이다. 이 원호의 길이 s

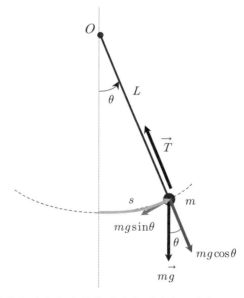

그림 1 질량이 m 인 질점이 길이 L 의 실에 매달려 연직선 근방에서 진동 운동을 하고 있다.

는 원호의 반지름과 각의 곱, $s = L\theta$ 로 나타낼 수 있으므로, 식 (3)은 다시

$$-mg\sin\theta = m\frac{d^2(L\theta)}{dt^2}$$

$$\frac{d^2\theta}{dt^2} = -\frac{g}{L}\sin\theta \tag{4}$$

으로 쓸 수 있다. 이 식 (4)의 운동방정식은 비선형 2계 미분방정식이다. 그리고 이 미분방정식의 해를 구한다면, 이 해는 단조화운동을 나타내지 않는다. 이는 식 (1)~(4)의 복원력이 각변위 θ 에 비례하지 않고 $\sin\theta$ 에 비례하기 때문이다. 하지만 θ 가 상당히 작으면

$$\sin\theta \simeq \theta \tag{5}$$

『 sine 함수의 급수전개: $\sin\theta = \theta - \dfrac{\theta^3}{3!} + \dfrac{\theta^5}{5!} - \dfrac{\theta^7}{7!} + \cdots$ 』

와 같이 쓸 수 있으므로, 진자를 약 5° 이내(각을 10° 이내로 하면 0.51 %의 오차를 수반하므로 작은 오차를 감안하면 10° 이내의 각도 무방하다 할 수 있겠다.)의 작은 각으로 진동시킨다면, 식 (4)의 운동방정식은

$$\frac{d^2\theta}{dt^2} = -\frac{g}{L}\theta \tag{6}$$

가 되고, 이는 2계 선형 미분방정식으로 그 해는 단조화운동을 나타낸다. 한편,

$$\omega = \sqrt{\frac{g}{L}} \tag{7}$$

라고 하면, 식 (6)은

$$\frac{d^2\theta}{dt^2} + \omega^2\theta = 0 \tag{8}$$

으로 쓸 수 있고, 이 미분방정식의 일반해는

$$\theta(t) = \theta_M\cos(\omega t + \phi) \quad \text{또는,} \quad \theta(t) = \theta_M\sin(\omega t + \phi) \tag{9}$$

『 $\dfrac{d\theta}{dt} = \dfrac{d}{dt}\left[\theta_M\cos(\omega t + \phi)\right] = -\omega\theta_M\sin(\omega t + \phi)$

$\dfrac{d^2\theta}{dt^2} = \dfrac{d}{dt}\left(\dfrac{d\theta}{dt}\right) = \dfrac{d}{dt}\left[-\omega\theta_M\sin(\omega t + \phi)\right] = -\omega^2\theta_M\cos(\omega t + \phi) = -\omega^2\theta$

$\dfrac{d^2\theta}{dt^2} + \omega^2\theta = 0 \quad \Longrightarrow \quad -\omega^2\theta + \omega^2\theta = 0$

그러므로 $\theta(t) = \theta_M\cos(\omega t + \phi)$가 식 (8)의 미분방정식의 해임이 확인 됨. 』

이다. 여기서 θ_M은 각 진폭, ϕ 는 초기 위상, 그리고 ω 는 각진동수이다. 이와 같이 각 위치

θ가 시간 t에 대하여 cosine 또는 sine 함수로 기술되어 일정 구간(진폭)을 주기적으로 왕복운동하는 것을 단조화운동(또는 단순조화운동, simple harmonic oscillation)이라고 한다. 그러므로 우리가 구성한 진자를 $\sin\theta \simeq \theta$를 만족하는 작은 각 내에서 진동시키면, 이 진자는 단조화운동을 하게 된다. 그리고 이렇게 단조화운동을 하는 진자를 **단진자**(또는 단순조화진동자, simple harmonic oscillatior)라고 한다.

한편, 단진자의 진동주기(한번 왕복 운동하는데 걸리는 시간)를 T라고 하면, 주기는 진동수 또는 각진동수의 역수

$$T = \frac{1}{f} \quad \text{또는,} \quad T = \frac{2\pi}{\omega} \tag{10}$$

로 나타내어지는데, 이 주기를 식 (7)의 단진자의 각진동수를 이용하여 다시 기술하면, 단진자의 주기는

$$T = 2\pi \sqrt{\frac{L}{g}} \tag{11}$$

이 된다. 이와 같이 단진자의 주기는 중력가속도와 진자의 길이에만 의존하며, 단진자의 진폭이나 질량에는 관계가 없다. 이런 사실은 갈릴레이에 의해 발견되었으며, 이를 진자의 등시성이라고 한다.

[2] 단진자를 이용한 중력가속도 측정

식 (11)의 단진자의 주기 식으로부터 단진자의 주기는 중력가속도와 단진자의 길이에만 의존하므로, 이의 관계를 이용하여 간단히 단진자의 길이와 주기의 측정으로부터 중력가속도를 구할 수 있다. 식 (11)의 양변을 제곱하고 g에 관해 정리하면 중력가속도는 다음과 같다.

$$g = \frac{4\pi^2 L}{T^2} \tag{12}$$

4. 실험 기구 [그림 4 참조]

○ 구형 추
○ 금속 봉의 스탠드
○ 클램프(大)(1), 클램프(小)(1)
○ 실
○ 포토게이트 타이머 시스템
  • 포토게이트 타이머
  • 포토게이트(1)
○ 줄자

○ 버니어 캘리퍼스
○ 고무줄
○ 각도계

5. 실험 방법

(1) 1~10° 사이의 작은 각에 대하여 식 (5)가 유효함을 확인한다. 이때, 좌변의 sine 함수에
대입하는 각 θ는 도(degree)의 값을 사용하고 우변의 각 θ는 라디안(radian)을 써야 한나.
★ 이 과정은 실험과는 직접적인 관련은 없으나, 식 (5)의 유효함을 확인하는 것이 단조화운동을
이해하는 데 도움이 된다고 생각하여 편성한 과정이다. 다른 실험 과정과는 연계 없이 이 과정
의 확인만 요한다.

(예) $\sin 1° = 0.01745,\ 1° = \dfrac{\pi}{180}\,\text{rad} = 0.017453$

$\sin 1° \simeq \dfrac{\pi}{180}\,\text{rad}$

$$\sin\theta \simeq \theta \tag{5}$$

(2) 구형 추의 반지름을 측정한다. 버니어 캘리퍼스를 이용하여 구형 추의 지름을 5회 측정하
고 측정값의 평균을 반으로 나누어 반지름 r이라 하고 기록한다. [버니어 캘리퍼스의 사
용법은 교재 맨 앞의 '계측기기 사용법' 참조]

(3) 120 cm 정도의 실을 잘라 한쪽은 구형 추의 구멍에 넣어 고정시키고 다른 한쪽 끝은 고
무줄에 묶어 둔다.

(4) 그림 2와 같이 고무줄 쪽 실을 금속봉의 스탠드 상단에 수직하게 설치된 작은 막대 구멍
에 2~3번 돌려 감는다. 이때, 구형 추가 바닥(테이블)으로부터 5~10 cm 높이가 되도
록 실의 길이를 조정한다. 그리고 남은 실은 고무줄을 이용하여 그림 3과 같이 스탠드
상단의 클램프에 묶어 둔다.
★ 이후에 진자의 길이에 변화를 주면서 실험하게 되는데, 이때 실의 길이를 변화를 주기 위해서는
클램프에 실을 묶었다 풀었다 해야 한다. 이 경우에 고무줄을 사용하면 편리하게 실험할 수 있다.

실

그림 2 고무줄 쪽 실을 금속
봉의 스탠드 상단에 수직하게
설치된 작은 막대 구멍에 2~
3번 돌려 감는다.

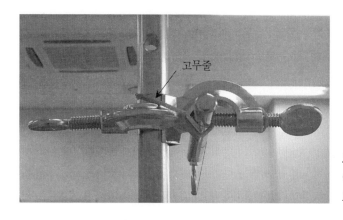

그림 3 남은 실은 고무줄을 이용하여 스탠드 상단의 클램프에 묶어 둔다.

(5) 그림 4의 (b)나 (c)와 같이 진자의 하단에 포토게이트를 장치한다. 이때, 진자 하단의 구형 추가 진동운동하며 광센서의 높이를 지나도록 포토게이트를 알맞은 높이로 설치한다. 그리고 연결잭을 이용하여 포토게이트와 포토게이트 타이머를 연결한다.

★구형 추의 중심 부분이 광센서의 높이를 지나게 하는 것이 포토게이트의 적당한 높이이다.

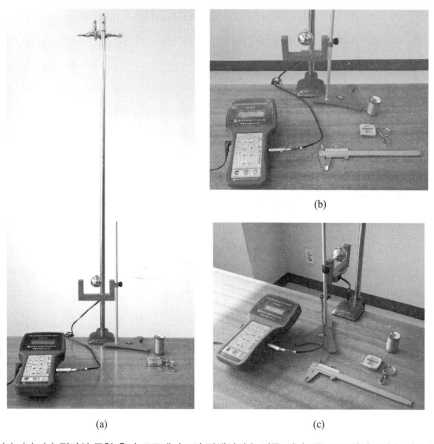

그림 4 (a), (b), (c) 진자의 구형 추가 포토게이트의 광센서의 높이를 지나도록 포토게이트의 높이를 조절한다.

(6) 진동 운동의 회전축(스탠드 상단의 구멍에 매단 실의 매듭)으로부터 구형 추의 상단까지의 길이를 측정하여 l이라 하고 기록한다.

(7) 과정 (2)의 구형 추의 반지름 r과 과정 (6)의 실의 길이 l을 합하여 진자의 길이 $L(=r+l)$이라 하고 기록한다.

(8) 포토게이트의 연결잭을 포토게이트 타이머의 오른쪽 '1번' 단자에 삽입한다. 그리고 그림 5와 같이 타이머의 'MEASUREMENT' 버튼을 눌러 측정의 종류를 시간인 'Time→'에 둔다. 이어 'MODE' 버튼을 눌러 <u>주기를 측정하는 'Time→Pendulum' 모드</u>가 되게 한다.
   ★ 'Time→Pendulum' 모드는 물체가 포토게이트의 광센서를 세 번 지나는 시간을 측정하여 줌으로써 진동 운동의 주기를 측정하게 해준다.

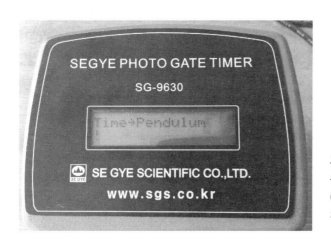

그림 5 포토게이트 타이머의 측정모드를 'Time→Pendulum'에 두어 진자의 진동주기를 측정한다.

(9) 포토게이트 타이머의 'START/STOP' 버튼을 눌러 타이머를 측정 대기 상태에 둔다. LCD 표시창에 '!'의 문자가 나타나면 타이머는 측정 대기 상태에 있게 된다. [그림 5 참조]
   ★ 측정 후 재측정을 위해서는 'START/STOP'을 눌러 '!' 문자가 다시 나오게 하면 된다.

(10) 진자를 연직선에 대하여 5° 이내의 작은 각이 되도록 살짝 잡아 당겼다가 놓아 진동 운동시킨다.
   ★ 이때, 5°라는 값을 지나치게 의식하지는 마라. 5°는 상당히 작은 각을 의미하는 것으로 진자의 진폭이 작게 여겨지는 정도에서 진동 운동시키면 된다.
   ★ 진자를 5° 이내의 매우 작은 각으로 진동시켜야하는 이유는 식 (5)의 $\sin\theta \simeq \theta$의 조건을 만족시키기 위한 것이다. 이러한 조건을 만족해야만 진자는 단조화운동을 하기 때문이다.
   ★ 진자의 진폭을 작게 하면, 진자의 운동 속력이 상대적으로 작게 되어 진동 운동 중에 공기 저항의 영향을 다소 줄일 수 있는 방법이 되는 이점도 있다.

(11) 타이머의 LCD 표시창에 주기의 측정값이 한 20회 정도(또는 그 이상) 기록될 때까지 진자를 운동시킨 후, 'START/STOP' 버튼을 눌러 주기 측정을 멈춘다. 그리고 '<u>MODE</u>'

버튼을 눌러 가며 타이머에 저장된 주기 측정값 중 나중 10회의 값을 읽어 기록한다.

★ 진동 운동의 처음 10회 정도에 해당하는 주기 측정값은 버리는 것이 좋다. 초반의 진동 운동은 진폭이 기획했던 것보다 다소 크기도 하고, 진동 중에 흔들림이 나타나기도 한다. 그런데, 10회 정도의 진동 운동이 지난 후의 값을 측정하면 상당히 안정되고 좋은 측정값을 얻을 수 있다.

★ 우리 실험의 진자의 길이에서는 2초 근방의 주기가 측정된다. 만일, 이 2초 보다 큰 3초 이상의 주기가 측정된다면, 이 경우에는 진자의 진동 운동의 진폭이 너무 작아서 구형 추가 포토게이트 의 광센서를 온전히 지나지 않는 경우이다. 이때는 진자의 진폭을 조금 크게 해주어 실험한다.

(12) 과정 (7)의 진자의 길이 측정값과 과정 (11)의 진자의 진동주기 측정값을 이용하여 중력 가속도를 계산한다. 그리고 이를 실험값으로 하여 중력가속도의 참값인 $979.94\,\mathrm{cm/s^2}$ 와 비교하여 본다.

★ 이 중력가속도의 참값은 우리 학교에서 가까운 서초구 지역에 대한 중력가속도로 한국표준과학 연구원(www.kriss.re.kr)에서 제공하는 값이다.

$$g = \frac{4\pi^2 L}{T^2} \tag{12}$$

(13) 스탠드 상단의 클램프에 묶어 두었던 고무줄을 풀어 진자의 길이를 조금 짧게 하여가며 이상의 실험을 5회 더 한다.

(14) 실험을 마친 후 이 실험과는 별개로 진자의 진폭을 크게 해가며 주기를 측정하여 보아 라. 진폭이 클수록 주기가 커지는 것을 보게 될 것이다. 이 경우는 $\sin\theta \simeq \theta$ 라는 조건 을 만족하는 단조화운동이 아니다. 그러므로 '실험 원리'에서 언급하였던 진자의 등시성 과는 무관한 상황임을 이해하여라. 또한, 진폭이 커지면 진자의 운동 속력이 커지고 이 에 따라 공기 저항의 기여도 커져 진자는 뚜렷한 감쇠 진동을 보인다. 이 경우에는 중력 뿐 만 아니라 공기 저항력도 작용하므로 식 (1)의 뉴턴의 운동 제 2법칙의 적용은 이 힘 들을 포함하여 새로 기술되어야 한다. 이러한 이유들로 진자의 등시성은 진자의 진폭이 매우 작아 진자가 단조화운동을 하는 단진자의 경우에만 맞는 현상임을 이해하여라. 굳 이 이 과정을 실험해 보기를 권하는 이유는 혹, 진자의 등시성을 의심하는 상황을 겪는 실험자에게 그 상황을 이해시키기 위해서이다.

★ 이 과정은 실험값을 기록하여 남기지 않고 그 현상만 관측하면 된다.

6. 실험 전 학습에 대한 질문

실험 제목	중력가속도 측정 II – 단진자 이용		실험일시	
학과 (요일/교시)		조	보고서 작성자 이름	

* 다음의 물음에 대하여 괄호 넣기나 번호를 써서, 또는 간단히 기술하는 방법으로 답하여라.

1. 이 실험의 목적을 써 보아라.

   Ans:

2. 부피가 매우 작아 점으로 간주할 수 있는 질량 m 의 물체(질점이라고 함)를 그림과 같이 길이 L 의 실에 매달아 연직선에 대하여 θ 만큼 변위시켰다가 놓으면, 실에 매달린 질점(이후로는 진자라고 함)은 연직선 근방에서 좌우로 동일한 진폭 범위를 왕복 운동하게 된다. 즉, (   )운동하게 된다. 이와 같은 진자의 (   )운동은 질점에 작용하는 중력 mg 의 원호의 접선 성분인 (   )가 연직선을 평형 위치로 하는 (   )력으로 작용한 결과이다. 이를 뉴턴의 운동 제 2법칙을 적용하여 기술하면

   $$(\qquad\qquad) = m\frac{d^2 s}{dt^2}$$

   이다.

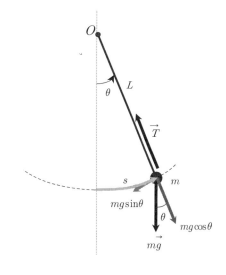

3. 다음 중 각이 매우 작을 때 적용될 수 있는 항등관계는? (   )

   ① $\sin\theta \simeq \theta$　　　　　　　② $\cos\theta \simeq \theta$

4. 다음 중 진동 운동의 주기(T)와 진동수(f), 그리고 각진동수(ω)의 관계가 잘못 표현된 것은? (   )

   ① $T = \dfrac{1}{f}$　　　　② $T = \dfrac{2\pi}{\omega}$　　　　③ $\omega = 2\pi f$　　　　④ $T = \dfrac{f}{2\pi}$

5. 단조화운동(simple harmonic oscillation)의 정의가 맞게 기술되도록 다음의 괄호에 알맞은 말을 써 넣어라.

> 진동 운동의 각 위치 θ가 시간 t에 대하여 (　　　) 또는, (　　　) 함수로 기술되어 일정 구간(진폭)을 주기적으로 왕복 운동하는 것을 단조화운동(또는 단순조화운동, simple harmonic oscillation)이라고 한다.

6. 단진자의 주기는 중력가속도와 진자의 길이에만 의존하며, 단진자의 (　　　　　　　)이나 (　　　　　　　)에는 관계가 없다. 이를 진자의 등시성이라고 한다.

7. 길이가 L인 단진자의 진동 운동을 관측하여 측정한 주기를 T라 할 때, 이 주기 측정값과 단진자의 길이 정보로부터 중력가속도 g를 구할 수 있다. 중력가속도 g의 올바른 식은? (　　　)

① $g = \dfrac{L}{4\pi^2 T^2}$　　② $g = \dfrac{4\pi^2 L^2}{T}$　　③ $g = \dfrac{4\pi^2 L}{T^2}$　　④ $g = \dfrac{4\pi^2 T}{L^2}$

8. 1°의 각을 라디안(radian)으로 쓰면 얼마일까? (　　　　　　)

9. 다음은 구형 추의 지름을 버니어 캘리퍼스를 이용하여 측정한 결과를 그림으로 나타낸 것이다. 그림에서 아들자의 눈금 '2.5'에 일치하게 화살표로 표시한 지점은 어미자와 아들자의 눈금이 일치하는 지점이다. 이 구형 추의 지름은 얼마인가? (　　　　　 mm)

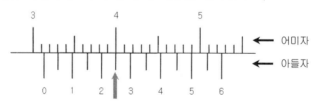

10. 단진자의 진동주기를 측정하기 위하여 사용하는 포토게이트 타이머의 측정모드는?

Time → (　　　　　　　)

11. 이 실험에서는 진자의 진동운동의 진폭을 작게 하기 위하여 진자를 연직선에 대하여 약 5° 이내의 상당히 작은 각으로 진동운동 시킨다. 왜 이렇게 5° 이내의 상당히 작은 각으로 진동 운동시켜야 할까? 그 이유를 써 보아라.

<u>Ans:</u>

7. 결과

실험 제목	중력가속도 측정 II – 단진자 이용		실험일시	
학과 (요일/교시)		조	보고서 작성자 이름	

[1] 실험값

(1) 작은 각에 대하여 $\sin\theta \simeq \theta$ 임을 확인

각도	$\sin\theta$	$\theta(\mathrm{rad})$	차이 백분율 $\left(\dfrac{\sin\theta-\theta}{\sin\theta}\times100\%\right)$	각도	$\sin\theta$	$\theta(\mathrm{rad})$	차이 백분율 $\left(\dfrac{\sin\theta-\theta}{\sin\theta}\times100\%\right)$
1°				7°			
2°				8°			
3°				9°			
4°				10°			
5°				20°			
6°				30°			

(2) 구형 추의 반지름 측정

회	구형 추의 지름(cm)	반지름(cm)
1		
2		
3		
4		
5		
평균		

(3) 중력가속도 측정

① 실의 길이: $l =$ ____ cm

진자의 길이: $L = r + l =$ ____ cm

회	주기(T)	회	주기(T)
1	s	6	s
2	s	7	s
3	s	8	s
4	s	9	s
5	s	10	s
		평균	s

▶ $g = \dfrac{4\pi^2 L}{T^2} =$ ____ cm/s^2

② 실의 길이: $l =$ ____ cm

진자의 길이: $L = r + l =$ ____ cm

회	주기(T)	회	주기(T)
1	s	6	s
2	s	7	s
3	s	8	s
4	s	9	s
5	s	10	s
		평균	s

▶ $g = \dfrac{4\pi^2 L}{T^2} =$ ____ cm/s^2

③ 실의 길이: $l =$ 　　　 cm

　　진자의 길이: $L = r + l =$ 　　　 cm

회	주기(T)	회	주기(T)
1	s	6	s
2	s	7	s
3	s	8	s
4	s	9	s
5	s	10	s
		평균	s

▶ $g = \dfrac{4\pi^2 L}{T^2} =$ 　　　 cm/s^2

④ 실의 길이: $l =$ 　　　 cm

　　진자의 길이: $L = r + l =$ 　　　 cm

회	주기(T)	회	주기(T)
1	s	6	s
2	s	7	s
3	s	8	s
4	s	9	s
5	s	10	s
		평균	s

▶ $g = \dfrac{4\pi^2 L}{T^2} =$ 　　　 cm/s^2

⑤ 실의 길이: $l =$ cm

진자의 길이: $L = r + l =$ cm

회	주기(T)	회	주기(T)
1	s	6	s
2	s	7	s
3	s	8	s
4	s	9	s
5	s	10	s
		평균	s

▶ $g = \dfrac{4\pi^2 L}{T^2} =$ cm/s^2

⑥ 실의 길이: $l =$ cm

진자의 길이: $L = r + l =$ cm

회	주기(T)	회	주기(T)
1	s	6	s
2	s	7	s
3	s	8	s
4	s	9	s
5	s	10	s
		평균	s

▶ $g = \dfrac{4\pi^2 L}{T^2} =$ cm/s^2

⑦ 중력가속도 측정값의 정리

★ 위의 표들의 진자의 길이 측정값과 주기 측정값들을 정리하여 한 눈에 알아보도록 표를 구성한다. 이는 단지 결과 분석을 용이하게 하기 위한 '정리' 과정이다.

회	진자의 길이(L)	주기의 평균(T)	중력가속도(g)
1	cm	s	cm/s^2
2	cm	s	cm/s^2
3	cm	s	cm/s^2
4	cm	s	cm/s^2
5	cm	s	cm/s^2
6	cm	s	cm/s^2
		(평균)	cm/s^2

[2] 결과 분석

[3] 오차 논의 및 검토

[4] 결론

공기 중에서의 소리의 속도 측정

1. 실험 목적

기주공명 장치를 이용하여 공기 중에서의 소리의 속도를 측정한다. 또한, 유체 내에서의 소리의 전파 원리와 파동의 특성으로서의 공명정상파를 이해한다.

2. 실험 개요

기주공명 장치(유리관)에 물을 채우고, 유리관 바로 위에서 소리굽쇠를 진동시키며 유리관의 물 높이를 낮추어 가면, 어느 특정한 수면 높이에서 공명음이 크게 발생한다. 이 공명음은 기주공명 장치 내의 공기기둥이 공명정상파를 이룰 때 발생하는 소리로, 공명음이 발생하는 수면의 높이 즉, 공명정상파의 마디 점들을 찾아 이 마디 점간의 거리를 측정하여 공명정상파의 파장을 알아내고, 이 파장과 소리굽쇠의 진동수의 곱으로 공기 중에서의 소리의 속도를 구한다. 또한, 뉴턴의 운동 제 2법칙을 이용하여 공기 중에서의 소리가 전파되는 원리를 해석하고, 이 원리로부터 소리의 속도를 구한다. 그리하여 기주공명 장치를 이용한 소리의 속도 측정값을 실험값으로 삼고, 소리의 전파 원리로부터 구한 속도를 이론값으로 삼아 두 값을 비교해 본다. 한편, 소리굽쇠의 진동수를 바꿔서 실험해 봄으로써, 공명정상파의 파장이 음원의 진동수에 반비례하여 변하는 것과 음원의 진동수에 상관없이 소리의 속도는 일정하다는 사실도 확인한다.

3. 기본 원리

[1] 종파(縱波, Longitudinal Wave)의 특성

그림 1의 첫 번째 그림에서와 같이 피스톤을 앞으로 밀면, 피스톤 앞에 있는 공기는 압축되어 그 공기의 압력과 밀도는 교란되지 않은 이웃의 정상적인 공기보다 커진다. 그리고 압축된

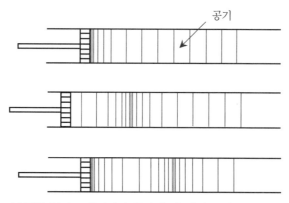

공기

그림 1 피스톤을 앞뒤로 움직이면 종파가 관 내의 공기를 통해서 전달된다.

공기는 앞으로 밀려 다음 칸의 유체를 압축하고 압축의 펄스는 관을 따라 진행한다. 이어서 두 번째 그림과 같이 피스톤을 당기면 피스톤 앞의 공기는 팽창하고 그 공기의 압력과 밀도는 교란되지 않은 이웃의 정상적인 공기보다 떨어진다. 그리고 희박(稀薄)의 펄스는 관을 따라 진행한다. 이와 같이 피스톤을 앞뒤로 진동시키면 압축과 희박의 연속된 파열(波列)이 관을 따라 진행하게 된다. 이처럼 공기와 같은 유체(流體)요소의 진동방향과 전파방향이 같은 파동을 종파라고 한다.

유체 내를 전파하는 종파의 전파속도를 Newton의 운동법칙을 이용하여 매질의 탄성 및 관성으로 나타내어 보자. 그림 2는 속력 v로 관을 따라 왼쪽에서 오른쪽으로 진행하는 '압축대'라 부르는 한 개의 펄스를 나타낸 것이다. 이 펄스(압축대)는 명확하게 구분된 앞과 뒤의 가장자리가 있고 그 부분 내부의 압력과 밀도는 균일하다고 가정하자. 또한, 운동을 분석할 때 펄스가 계속 정지해 있는 기준틀을 설정하는 것이 편리하므로, 그림에서와 같이 압축대는 우리의 기준틀에서 계속 정지해 있는 반면, 유체는 관을 통해 속력 v로 오른쪽에서 왼쪽으로 움직이는 것으로 가정한다.

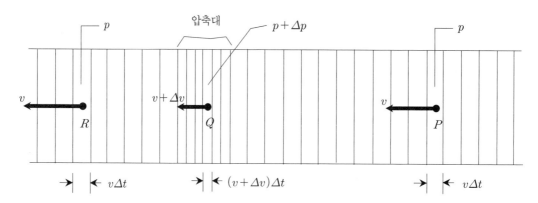

그림 2 펄스(압축대)가 유체로 채워진 관을 따라 속력 v로 오른쪽으로 진행한다. 그러나 압축대가 정지해 있는 기준틀에서는 유체가 왼쪽으로 이동한다고 할 수 있다.

그러면, 점 P의 두 수직선 사이에 있는 유체요소의 운동을 고찰해 보자. 이 요소는 압축대에 부딪힐 때까지 속력 v로 앞으로 진행한다. 이 유체 요소가 압축대에 들어가면 유체 요소의 앞과 뒤 가장자리의 압력차는 Δp가 된다. 이 요소는 압축대 내에서 압축 및 감속되어 Q점에서 $v+\Delta v$의 속력으로 움직이게 되며 Δv는 음(陰)의 값이다. 이 요소는 압축대의 왼쪽 면을 지나서 나오면서 그곳에서 유체 요소는 원래의 부피로 팽창하고 압력차 Δp는 그 요소에 작용하여 원래의 속도로 가속시킨다. 그래서 점 R의 유체요소는 다시 점 P에서와 같은 속력 v로 이동한다. 유체 요소가 압축대로 들어갈 때, 그 요소에 작용하는 힘을 구하기 위해서 뉴턴의 운동법칙을 적용시켜 보자. 압축대 내의 Q점에서의 유체에 가해지는 합성력은 유체가 감속하므로 오른쪽으로 향하며, 그 크기는

$$F=(p+\Delta p)A - pA = \Delta pA \tag{1}$$

이다. 여기서 A는 관의 단면적이다. 압축부분이 아닌 곳(P점 같은 곳)에서 유체요소의 길이는 $v\Delta t$이며, Δt는 요소가 어느 주어진 점을 통과하는 데 필요한 시간이다. 그러므로 이 요소의 부피는 $Av\Delta t$이고, ρ가 압축대 밖의 유체의 밀도라고 하면 질량은 $\rho Av\Delta t$가 된다. 요소가 압축대를 지나갈 때 받는 가속도 a는 $-\Delta v/\Delta t$이다. 이것은 Δv가 원래 음의 값이므로 양(陽)이 되고, 이는 그림에서 합성력 ΔpA와 같이 가속도도 오른쪽으로 향한다는 것을 뜻한다. 여기서, Δv가 음의 값을 갖는 것은 감소의 의미이며, 가속도를 결정하는 데 사용한 음의 부호는 방향을 결정하기 위하여 사용한 부호임을 상기하자. 그러면, 뉴턴의 운동 제 2법칙을 적용하여

$$F=ma=(\rho vA\Delta t)(-\frac{\Delta v}{\Delta t})=\Delta pA \tag{2}$$

으로 쓸 수 있고, 이 식을 정리하면

$$\rho v^2 = -\frac{\Delta p}{\Delta v/v} \tag{3}$$

이 된다. P점에서 부피가 $V(=Av\Delta t)$였던 유체가 압축대로 들어가며 $\Delta V(=A\Delta v\Delta t)$만큼 압축되므로, P점에서의 원래의 부피에 대한 Q점에서의 압축된 부피의 변화율은

$$\frac{\Delta V}{V}=\frac{A\Delta v\Delta t}{Av\Delta t}=\frac{\Delta v}{v} \tag{4}$$

이고, 다시 식 (3)은

$$\rho v^2 = -\frac{\Delta p}{\Delta V/V} \tag{5}$$

으로 나타내어진다. 한편, 물체의 압력의 변화 Δp와 여기에 대응하는 부피의 변화율 $-\Delta V/V$와의 비(比)를 그 물체의 부피탄성률이라 하고 B[5])로 쓰면,

---

5) 부피탄성률 B는 압축률의 역수이다. 압축률 $\kappa = -\frac{1}{V}\frac{\Delta V}{\Delta P}$으로, 압력 변화에 대한 부피의 변화율이다.

$$B = - V \frac{\Delta p}{\Delta V} \tag{6}$$

으로 나타내어지고, 압력이 커지면 부피는 작아지므로 B는 양의 값을 갖는다. 이 부피탄성률을 이용하여 식 (5)의 펄스의 속력을 나타내면, 즉 유체 내에서의 종파의 속력은

$$v = \sqrt{\frac{B}{\rho}} \tag{7}$$

이 된다. 즉, **종파의 속력은 그것이 진행되는 매질의 성질에 의해 결정되어 매질의 탄성의 성질인 부피탄성률 B와 관성의 성질인 밀도 ρ로써 나타내어진다.** 이상에서 주어진 것보다 더 넓은 해석에 의하면, 식 $v = \sqrt{B/\rho}$ 는 그림에서 보여준 사각형의 펄스뿐만 아니라 임의의 형태의 펄스와 확장된 파열에도 적용될 수 있다. 또한, 매질이 유체가 아니라 고체인 경우에도 동일하게 적용된다.

[2] 공기 중에서의 소리의 속도

소리는 매질의 압축과 팽창에 의한 펄스의 진동 방향과 전파 방향이 나란한 종파이다. 유체 내에서의 종파의 속력을 나타내는 식 (7)을 이용하여 절대온도 T에 있는 이상기체 내에서의 소리의 속도를 구하여 보자. 그런데 공기와 같은 기체는 열전도율이 매우 낮기 때문에 파동이 전달될 때 압축과 팽창을 동한 온도의 변화가 기체의 내부에서 서로 잘 전달되지 않는다. 그러므로 이와 같은 기체의 압축과 팽창의 과정은 단열과정으로 간주할 수 있다. 단열과정에서의 이상기체 상태방정식은

$$p V^\gamma = 상수 \tag{8}$$

이다. 여기서, γ는 기체의 비열비라는 상수이다. 식 (8)의 양변을 부피 V로 미분하면

$$\frac{dp}{dV} V^\gamma + \gamma p V^{\gamma-1} = 0 \tag{9}$$

이 되고, 이 식의 양변을 $V^{\gamma-1}$로 나누면

$$V \frac{dp}{dV} + \gamma p = 0 \tag{10}$$

이 된다. 그리고 이 식을 γp에 관해서 정리하면

$$\gamma p = - V \frac{dp}{dV} = B \tag{11}$$

으로서, 부피탄성률 B는 교란되지 않은 기체의 압력 p로 나타낼 수 있다. 이 식 (11)의 관계를 식 (7)에 대입하면, 이상기체 내에서의 종파의 전달 속도는

$$v = \sqrt{\frac{\gamma p}{\rho}} \tag{12}$$

이 된다.

　다음은 실제 공기 중에서의 소리의 속도를 구하여 보자. 공기는 이상기체는 아니다. 그러나 그에 준하는 행동을 하므로, 이상기체로 간주하고 논하여도 상당히 작은 오차 범위 내에서 정확한 해석을 기할 수 있다. 공기를 이상기체로 가정하면, 이상기체 상태방정식은

$$p V = nRT,$$

$$p/\rho = RT/M \tag{13}$$

으로, 여기서 n은 기체의 몰(mole) 수, R은 기체상수, p는 공기압력(대기압), ρ는 공기의 밀도, M은 기체의 분자량이다. 이 식 (13)의 관계를 식 (12)에 대입하면 공기 중에서의 소리의 속도는

$$v = \sqrt{\frac{\gamma RT}{M}} = \sqrt{\frac{\gamma R}{M}(273+t)} \tag{14}$$

이 된다. 여기서, T는 절대온도, t는 섭씨온도이다. 한편, 공기는 대부분 질소와 산소의 이원자분자로 구성되어 있으므로 공기의 평균 분자량은 $M = 28.8$로 쓸 수 있고, 비열비 γ는 이원자분자 기체의 값인 $\gamma = 1.40$을 쓰며 기체상수는 $R = 8.3145\,\mathrm{J/mol \cdot K}$이므로, 식 (14)의 공기 중에서의 소리의 속도는

$$v = 332\sqrt{1+\frac{t}{273}}\ \mathrm{(m/s)} \tag{15}$$

이 된다. 이 식의 $\sqrt{1+\dfrac{t}{273}}$ 을 이항전개[6] 전개하면, 식 (15)는 간단한 근사값

$$v = 332 + 0.6\,t\ \mathrm{(m/s)} \tag{16}$$

으로 쓸 수 있다.

---

6) $f(x) = f(0) + \left.\dfrac{df(x)}{dx}\right|_{x=0} x + \left.\dfrac{d^2 f(x)}{dx^2}\right|_{x=0} \dfrac{x^2}{2!} + \left.\dfrac{d^3 f(x)}{dx^3}\right|_{x=0} \dfrac{x^3}{3!} + \cdots$

　$f(t) = \left(1+\dfrac{t}{273}\right)^{1/2}$ 라고 하면,

　$\left(1+\dfrac{t}{273}\right)^{1/2} = 1 + \dfrac{1}{2}\left.\left(1+\dfrac{t}{273}\right)^{-\frac{3}{2}}\dfrac{1}{273}\right|_{t=0} t + \dfrac{1}{2}\left(-\dfrac{3}{2}\right)\left.\left(1+\dfrac{t}{273}\right)^{-\frac{5}{2}}\dfrac{1}{273^2}\right|_{t=0}\dfrac{t^2}{2!} + \cdots$

　$\simeq 1 + \dfrac{1}{2}\times\dfrac{1}{273}t$

　이므로,

　$v = 332\sqrt{1+\dfrac{t}{273}} \simeq 332\times\left(1+\dfrac{t}{546}\right) \simeq 332 + 0.6\,t$

　가 된다.

[3] 기주공명 장치를 이용한 공기 중에서의 소리의 속도 측정

진동수가 f인 파동(종파 또는 횡파)의 공기 중에서의 파장을 λ라 하고, 이 파동이 공기 중에서 전파하는 속도를 v라 할 때, 파동의 속도는

$$v = f\lambda \tag{17}$$

이다. 즉, 파동의 진동수와 파장을 알면 파동의 속도를 알 수 있는 것이다. 이와 같은 점에 착안하여 이미 알고 있는 진동수의 음원(音原)을 이용하여 정상파를 만들고, 그 파장을 측정함으로써 소리의 속도를 측정할 수 있다. 다음의 그림 3은 유리관의 한쪽 끝을 고무호스로 물통에 연결하고, 이 물통을 위, 아래로 움직임으로써 유리관 내의 수위를 조절할 수 있는 장치인데, 이런 장치를 기주공명 장치라고 한다. 그림 3에서와 같이 소리굽쇠를 진동시켜 기주공명 장치의 한쪽 끝이 물로 막힌 유리관 위에 가까이 하면, 이 소리굽쇠로부터 발생한 음파는 유리관 속을 전파하며 관 속의 수면에서 반사된[7] 음파와 간섭하여 정상파[8]를 생성한다. 이때 공기 기둥이 적당한 길이가 되어서 관의 열린 곳이 정상파의 배가 되면, 이 배에서의 공기의 진동에 더하여 소리굽쇠의 진동이 만든 음파가 공명을 일으켜 대단히 큰 소리가 나게 된다. 즉, 소리굽쇠와 공기기둥 간에 공명이 일어난다.

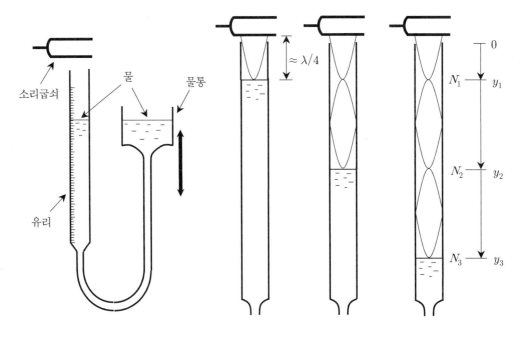

그림 3 기주공명 장치

그림 4 기주공명 장치의 유리관에서는 어느 특정한 물의 높이에서 공명정상파가 만들어진다.

---

7) 수면은 고정단의 역할을 하므로 파동의 위상은 π만큼 바뀌어 반사된다.
8) 정상파(standing wave)는 파장이 같은 두 파동이 서로 마주 보는 방향으로 진행하며 간섭하여 생기는 파동으로 파의 마디에서 매질은 항상 정지해 있어, 마치 파동이 정지해 있는 것처럼 보이는 파동이다.

그림 4에서와 같이 최초의 공명은 $\lambda/4$ 지점에서 생기며, 이후 $\lambda/2$ 만큼 수면이 아래로 내려갈 때마다 다시 공명이 일어난다. 그림에서와 같이 공명이 일어나는 마디점의 위치 N_1, N_2, N_3, ⋯, N_n의 위치를 유리관에 표시된 자로 읽어 그 길이를 y_1, y_2, y_3, ⋯⋯, y_n 이라고 하면

$$\lambda = y_{n+2} - y_n \tag{18}$$

또는,

$$\lambda = 2(y_{n+1} - y_n) \tag{19}$$

이다. 식 (19)를 식 (17)에 내입하면, 기주공명 징치의 공기 중을 진행하는 소리의 속도는

$$v = 2f(y_{n+1} - y_n) \tag{20}$$

이 된다. 이 식 (20)은 음원의 진동수를 알고 유리관 내에 생기는 공명정상파의 마디점 간의 거리를 측정한다면, 그것으로부터 유리관 내 공기 중에서의 소리의 진행 속도를 측정할 수 있음을 보여 준다. 한편, 그림 4에서의 관 끝에서 첫 번째 공명 위치까지의 길이 y_1은 $\lambda/4$에 가까우나 실제는 이 값보다 조금 작다. 이것은 첫 번째 정상파의 배가 관의 모양, 크기 등에 따라 관 끝보다 약간 위쪽에 위치함을 의미한다.

4. 실험 기구

○ 기주공명 장치 [그림 3 참조]
- 유리관: 1 m의 눈금자가 표시되어 있음.
- 스탠드: 유리관을 연직선 상에 고정시키는 기능.
- 물통: 유리관 내의 물의 높이 조절에 사용.
○ 소리굽쇠 (2): 진동수는 각각 **650 Hz**, **800 Hz**.
○ 고무망치: 소리굽쇠에 진동을 주기 위한 도구.
○ 온도계
○ 비커 또는 플라스틱 PET병: 물을 나르기 위한 도구.

5. 실험 방법

[1] 진동수 650 Hz의 소리굽쇠를 이용

(1) 소리굽쇠의 손잡이 바로 위에 각인되어 있는 소리굽쇠의 진동수를 확인하여 진동수 650Hz의 소리굽쇠를 준비한다.

(2) 물통에 물을 반쯤 채운다.
   ★물통을 유리관의 높이까지 들었을 때, 유리관 속의 수위가 관의 맨 위에 도달할 정도의 물의 양

이면 된다.

(3) 유리관 내의 공기 중의 온도를 측정하여 실험 시작 시점의 온도 t_i라 하고 기록한다.

(4) 물통을 들어 올려 유리관 내의 수면이 관 입구에서 약 5 cm 정도 되는 지점에 이르게 한다.

(5) 소리굽쇠의 진동을 방해하지 않도록 소리굽쇠의 손잡이를 잡고 고무망치로 때려서 진동을 시킨 후 그림 5와 같이 진동하는 소리굽쇠를 유리관 위 약 1 cm 정도 위에 위치하게 하고 그 상태를 유지한다.

   ★ 유리관 위에 위치하게 하는 소리굽쇠를 그림 5와 같이 관에 수직하게 배치할 필요는 없다. 소리굽쇠를 어떠한 형태로 배치하여도 동일한 실험 결과를 낳는다.

   ★ 소리굽쇠를 유리관 위에서 너무 높이두면 공명소리가 작아 공명 마디점을 찾기가 힘들다.

   ★ 소리굽쇠를 유리관에 너무 가까이하면 진동하는 소리굽쇠가 유리관을 파손시킬 염려가 있으니 이점에 유의한다.

   ★ 소리굽쇠를 고무망치가 아닌 다른 소재로 강하게 때리면 소리굽쇠가 변형되어 고유진동수가 달라진다. 그러므로 반드시 고무망치만 사용하여 소리굽쇠를 진동시킨다.

그림 5 고무망치를 이용하여 진동시킨 소리굽쇠를 유리관 위 약 1 cm 정도 위치에 두어 유리관 내에 공기기둥을 만든다.

(6) 과정 (5)의 수행과 동시에 물통을 서서히 아래로 내려 유리관 내의 수면의 높이를 낮춰 가며 관에서 나는 소리에 귀 기울인다. 수면이 어느 위치에 이르면 갑자기 소리가 커지는 공명현상을 경험하게 되는데, 이때 이 수면의 높이 근방에서 세밀하게 수위를 조절해 가며 소리가 제일 큰 지점의 수면의 위치를 찾아 첫 번째 공명 마디점 N_1이라 하고, 그 위치를 유리관에 표시된 자로 읽어 y_1으로 기록한다.

★ 이 과정을 수행하다보면 소리굽쇠의 진동이 잦아들어 공명소리가 작아진다. 이때는 과정 (5)를 재차 수행한다. 이 과정에서 유리관의 입구와 소리굽쇠 사이의 거리가 일정하게 유지되도록 세심한 주의를 기울인다.

(7) 다시 소리굽쇠를 진동시키고 수위를 더 내려가며 과정 (6)과 같은 방법으로 다음의 공명 마디점을 차례로 찾아 N_2, N_3, N_4라 하고, 그 수면의 위치를 y_2, y_3, y_4로 기록한다.

(8) 측정한 공명 마디점의 위치를 식 (19), $\lambda_n = 2(y_{n+1} - y_n)$에 대입하여 소리의 파장의 측정값 λ_1, λ_2, λ_3를 구하고, 이 측정 파장의 평균값 $\lambda = (\lambda_1 + \lambda_2 + \lambda_3)/3$를 식 (17)에 대입하여 공기 중에서의 소리의 속도의 측정값

$$v_{\text{실험}} = f\lambda \tag{17}$$

를 구한다.

(9) 유리관 내의 공기 중의 온도를 측정하여 실험 종료 시점의 온도 t_f라 하고 기록한다.

(10) 과정 (3)과 (9)에서 각각 측정한 실험 시작 시점의 유리관 내의 공기 중의 온도 t_i와 종료 시점의 온도 t_f의 평균값을 계산하여 $t(=(t_i + t_f)/2)$라 하고, 이 값을 식 (16)에 대입하여 실온에서의 소리의 속도의 이론값을 구한다.

$$v_{\text{이론}} = 332 + 0.6\,t \,(\text{m/s}) \tag{16}$$

(11) 과정 (8)과 (10)의 소리의 속도의 실험값과 이론값을 비교하여 본다.

★ 유리관 내에서의 음속은 유리관 벽의 마찰 등으로 인하여 관 밖의 대기 중에서의 음속보다 미소하게나마 작게 측정된다는 점에 유의하자.

(12) 과정 (2)~(11)을 총 5회 반복 수행한다.

[2] 진동수 800Hz의 소리굽쇠를 이용

(1) 진동수 800Hz의 소리굽쇠를 이용하여 650Hz를 이용한 실험 [1]과 동일한 과정을 수행한다.

6. 실험 전 학습에 대한 질문

실험 제목	공기 중에서의 소리의 속도 측정		실험일시	
학과 (요일/교시)		조	보고서 작성자 이름	

* 다음의 물음에 대하여 괄호 넣기나 번호를 써서, 또는 간단히 기술하는 방법으로 답하여라.

1. 이 실험의 목적을 써 보아라.

   Ans: _____

   _____

2. 다음은 이 실험의 '2. 실험 개요'를 옮겨 적은 글이다. 괄호에 알맞은 말을 써 넣어라.

   > 기주공명 장치(유리관)에 물을 채우고, 유리관 바로 위에서 소리굽쇠를 진동시키며 유리관의 물 높이를 낮추어 가면, 어느 특정한 (   ) 높이에서 공명음이 크게 발생한다. 이 공명음은 기주공명 장치 내의 공기 기둥이 (   )를 이룰 때 발생하는 소리로, 공명음이 발생하는 수면의 높이 즉, 공명정상파의 (   )점들을 찾아 이 (   ) 점간의 거리를 측정하여 공명정상파의 (   )을 알아내고, 이 (   )과 소리굽쇠의 (   )의 곱으로 공기 중에서의 소리의 속도를 구한다.

3. 종파의 속력은 그것이 진행되는 매질의 성질에 의해 결정되어 매질의 탄성의 성질인 부피탄성률 B와 관성의 성질인 밀도 ρ로써 나타내어진다. B와 ρ로 종파의 속력 v를 기술하면?

   $$v =$$

4. 공기 중에서의 소리의 속도를 섭씨온도 t의 함수로 기술하여라.

   $$v = (\quad\quad) + (\quad\quad)t \ (\mathrm{m/s})$$

5. 진동수가 f인 파동(종파 또는 횡파)의 공기 중에서의 파장을 λ라 하고, 이 파동이 공기 중에서 전파하는 속도를 v라 할 때, 다음 중 파동의 속도를 맞게 표현한 것은? (   )
   ① $v = f\lambda$ ② $v = f/\lambda$ ③ $v = \lambda/f$
   ④ $v = f^2\lambda$ ⑤ $v = f\lambda^2$

6. 파장이 같은 두 파동이 서로 마주 보는 방향으로 진행하며 간섭하여 생기는 파동으로 파의 마디에서 매질은 항상 정지해 있어, 마치 파동이 정지해 있는 것처럼 보이는 이러한 파동을 무엇이라고 하는가? (   )

7. 다음 중 이 실험에서 사용하는 실험 기구가 아닌 것은? (   )
   ① 소리굽쇠   ② 고무망치   ③ 온도계   ④ 버니어 캘리퍼스

8. 이 실험에서 사용하는 기구로 유리관의 한쪽 끝을 고무호스로 물통에 연결하고, 이 물통을 위, 아래로 움직임으로써 유리관 내의 수위를 조절할 수 있는 장치의 이름은?
   (   )

9. [본문 그림 3, 4 참조] 이 실험에서 발생하는 <u>최초</u>의 공명은 유리관 위 소리굽쇠로부터 유리관 내 수면까지의 거리가 소리의 파장(λ)의 몇 배가 되는 지점에서 발생할까? (   )
   ① 1/4   ② 1/2   ③ 1
   ④ 2   ⑤ 4

10. [본문 그림 3, 4 참조] 이 실험에서 발생하는 <u>두 번째</u> 공명은 최초의 공명이 일어나는 유리관 내 수면 높이로부터 얼마나 수면이 내려간 거리에서 발생할까? 이 거리를 소리의 파장(λ)의 배수로 나타내면? (   )
    ① 1/4   ② 1/2   ③ 1
    ④ 2   ⑤ 4

7. 결과

실험 제목	공기 중에서의 소리의 속도 측정		실험일시	
학과 (요일/교시)		조	보고서 작성자 이름	

[1] 실험값

(1) 진동수 650Hz의 소리굽쇠를 이용

○ 유리관 내의 공기 중의 온도와 공명 마디점의 위치   (단위: °C, m)

회	t_i	t_f	y_1	y_2	y_3	y_4
1						
2						
3						
4						
5						

○ 실험 온도와 공명정상파의 파장의 계산   (단위: °C, m)

회	t	λ_1	λ_2	λ_3	λ
1					
2					
3					
4					
5					

○ 공기 중에서의 소리의 속도의 측정값과 이론값   (단위: m/s)

회	$v_{실험}$	$v_{이론}$	오차$\left(=\dfrac{v_{이론}-v_{실험}}{v_{이론}}\times100\right)$
1			%
2			
3			
4			
5			
평균			

(2) 진동수 800Hz의 소리굽쇠를 이용

○ 유리관 내의 공기 중의 온도와 공명 마디점의 위치   (단위: ℃, m)

회	t_i	t_f	y_1	y_2	y_3	y_4
1						
2						
3						
4						
5						

○ 실험 온도와 공명정상파의 파장의 계산   (단위: ℃, m)

회	t	λ_1	λ_2	λ_3	λ
1					
2					
3					
4					
5					

○ 공기 중에서의 소리의 속도의 측정값과 이론값 (단위: m/s)

회	$v_{실험}$	$v_{이론}$	오차$\left(=\dfrac{v_{이론}-v_{실험}}{v_{이론}}\times100\right)$
1			%
2			
3			
4			
5			
평균			

[2] 결과 분석

[3] 오차 논의 및 검토

[4] 결론

1. 실험 목적

고체가 열에 의해 그 길이가 늘거나 줄어든다는 사실을 확인하고 이와 관련된 선팽창계수가 물질의 고유한 성질임을 이해한다.

2. 실험 개요

철, 구리, 알루미늄의 세 고체의 금속 시료 막대를 준비하고 이 중 하나를 택하여 시료 받침 대에 올려놓고 증기 발생기로 발생시킨 고온의 수증기를 고무호스를 통해 시료 막대로 지나가게 하여 시료 막대를 가열한다. 이 과정에서 시료 막대의 온도 변화와 열팽창에 의해 늘어난 길이를 측정하고, 이 측정값과 시료 막대의 가열 전 길이 측정값을 이용하여 이 시료 물질의 선팽창계수를 측정한다. 이어 다른 시료 막대에 대해서도 선팽창계수를 측정하고 세 물질의 선팽창계수를 비교하여 본다. 이 실험을 통해 고체가 열에 의해 늘거나 줄어드는 것을 확인하고, 이러한 길이 변화의 양을 설명하는 선팽창계수가 물질의 고유한 성질임을 이해한다.

3. 기본 원리

일상에서 흔히 사용하는 수은 온도계는 온도가 올라가면 유리관 안의 수은의 부피가 증가하여 그에 알맞은 온도 눈금을 가리키도록 되어 있다. 이와 같이 온도에 의해 물체가 팽창하는 것을 열팽창(thermal expansion)이라고 한다. 일반적으로 이와 같은 물체의 열팽창은 물체를 구성하고 있는 원자나 분자가 열적 진동을 하여 그 평균 거리가 증가하기 때문에 발생한다. 상온에서 고체 속의 원자는 원자간 약 10^{-10}m 정도의 평균 거리를 가지며, 자신의 평형 위치에서 약 10^{-11}m 정도의 진폭으로 초당 약 10^{13}번 정도 진동한다. 그런데, 고체의 온도가 높아지면 고체 원자들은 더욱 큰 진폭으로 진동하게 되고 이러한 진동은 이웃하는 원자들의 진동과 중첩

그림 1 고체의 온도가 높아지면 고체 내 원자는 더 큰 진폭으로 운동하여 원자간 평균거리가 증가한다.

을 일으키게 되는데, 그러면 원자들은 중첩을 피하기 위해 이전보다 더 큰 평균거리를 유지하여 새로운 평형 상태에서 진동하게 된다. 이 새로운 평형 상태의 원자간 평균거리는 고체의 팽창을 의미한다. 고체는 이러한 과정을 통해 팽창한다. 그리고 이러한 팽창은 3차원적으로 이루어진다. 특별히, 고체의 팽창에 있어서 길이나 폭, 두께 등의 1차원적 변화를 고려한다면, 이를 선팽창이라고 한다. 만약, 어떤 물체의 온도가 그리 높지 않아 열팽창 정도가 처음 그 물체의 크기에 비해 매우 작다면, 열팽창에 의한 길이 변화는 근사적으로 온도 변화에 비례한다.

이제 한 고체 시료가 어떤 온도에서 처음 길이 L_0인데, 이 고체 시료에 유입된 열에 의해 ΔT의 온도 변화에 따라 ΔL의 길이 변화가 발생하였다고 하자. 그러면, 고체 시료의 길이 변화 ΔL은 온도 변화 ΔT가 그리 크지 않은 선에서 ΔT와 처음 길이 L_0에 비례한다. 즉,

$$\Delta L \propto L_0 \Delta T \tag{1}$$

이다. 그런데, 온도 변화(ΔT)와 처음 길이(L_0)가 같으면 모든 고체는 동일한 길이 변화(ΔL)를 가질까? 그렇지 않다. 분명 고체가 어떤 물질이냐에 따라 고체 시료의 길이 변화(ΔL)는 다르다. 그래서 식 (1)은 다음과 같이 쓸 수 있다.

$$\Delta L = \alpha L_0 \Delta T \tag{2}$$

여기서, α를 선팽창계수(coefficient of linear expansion)라고 하는데, 이 선팽창계수는 물질에 따라 그 값이 다른 물질의 고유한 성질이다. 식 (2)를 α에 관해 정리하면

$$\alpha = \frac{\Delta L}{L_0 \Delta T} \tag{3}$$

으로, 선팽창계수 α는 곧, 물질의 단위 온도 변화에 따른 길이의 변화율을 의미한다. 그리고 단위는 $(^\circ C)^{-1}$이다.

4. 실험 기구

○ 시료 받침대
○ 시료 막대: 철 막대(1), 구리 막대(1), 알루미늄 막대(1)
○ 증기 발생기
○ 디지털 온도계
○ 다이얼 게이지(Dial Gauge)
○ 고무호스(2)
○ 비커
○ 줄자
○ 안전장갑

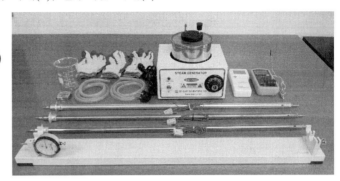

그림 2 실험 기구

5. 실험 방법

(1) 증기 발생기(Steam Generator)에 물을 약 1/3~1/2 정도 채운다.

(2) 철, 구리, 알루미늄의 세 시료 막대 중 하나를 택하여 이 첫 번째 시료 막대 이름을 기록하고 막대의 양 끝에 각각 고무호스를 연결한다. 그리고 이 막대를 시료 받침대의 양쪽 홈에 맞춰 올려놓고 오른쪽 홈의 나사는 조여 둔다. [그림 3, 4 참조]

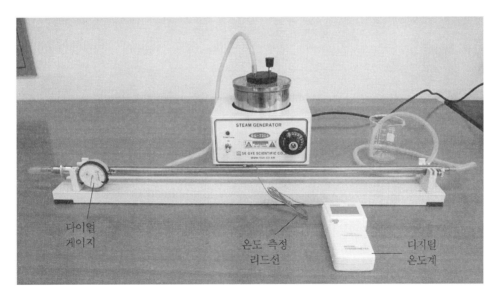

그림 3 선팽창계수 측정 실험의 구성

(3) 그림 4와 같은 방법으로 시료 막대의 길이를 측정하여 L_0라 하고 기록한다.

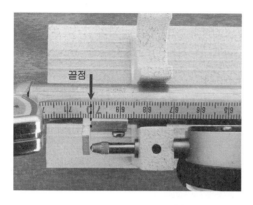 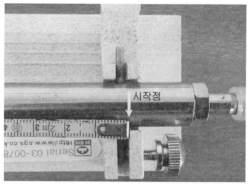

그림 4 시료 막대의 길이를 측정한다.

(4) 시료 막대 중앙에 달려 있는 온도 측정 리드선을 디지털 온도계에 연결한다. [그림 3 참조]

(5) 시료 막대 양 끝에 연결된 고무호스 중 하나는 증기 발생기에 연결하고, 다른 하나는 비커에 넣는다. [그림 3 참조]

　★ 이러한 연결에서 증기 발생기에서 발생한 수증기는 시료 막대를 지나며 시료 막대를 데운 후 비커로 빠져 나가게 된다.

(6) 다이얼 게이지(Dial Gauge)가 시료 막대와 잘 닿아 있는지를 점검하고, 다이얼 게이지의 바늘이 눈금의 0을 가리키도록 영점을 조절하거나 바늘이 가리키는 눈금을 읽어 처음 눈금 L_i라 하고 기록해 둔다.

　★ 다이얼 게이지의 원형 테두리를 돌리면 바늘의 0점을 조절할 수 있다.
　★ 실험에서 측정하고자 하는 것은 시료 막대의 늘어난 길이니 처음 값이 얼마인지는 중요하지 않다. 그러므로 굳이 영점을 맞추지 않아도 된다.
　★ 다이얼 게이지의 한 눈금은 0.01 mm 이다.

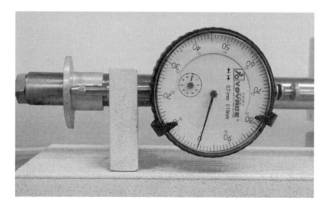

그림 5 다이얼 게이지의 영점을 조절한다.

(7) 디지털 온도계를 켜서 시료 막대의 가열 전 온도를 측정하고 처음 온도 T_i라 하여 기록한다.

★ 디지털 온도계 대신 멀티미터와 온도측정 probe를 이용하여 시료 막대의 온도를 측정할 수도 있다.

(8) 증기 발생기의 전원을 켜고 가열 온도를 100℃ 정도로 맞추어 수증기를 발생시킨다.

★ 지금부터는 실험 장치가 조금도 움직이지 않도록 주의한다. 실험 장치의 약간의 움직임만으로도 시료막대가 움직여 다이얼 게이지의 영점이 변할 수 있기 때문이다.

주의를 요합니다.

★ 지금부터는 매우 뜨거운 수증기가 발생한다. 그래서 수증기와 닿는 증기 발생기 상단의 뚜껑, 고무 호스, 시료 막대, 비커 등이 매우 뜨겁다. 이에 유의하고 안전을 위하여 안전장갑을 꼭 착용하도록 한다.

(9) 시료 막대로 수증기가 들어옴에 따라 시료 막대의 온도가 올라가면서 그 길이가 늘어나는 것을 다이얼 게이지로 확인한다.

★ 이 과정에서 다이얼 게이지의 바늘이 회전하는 방향을 꼭 눈여겨 봐둬야 한다. 그래야 다음 과정에서 다이얼 게이지의 나중 값을 읽어 늘어난 길이를 계산할 때 올바른 길이 변화 값을 사용할 수 있다.

(10) 시료 막대의 온도가 최종 온도에 이르렀다고 판단되면, 이때의 시료 막대의 온도를 나중 온도 T_f라 하고 다이얼 게이지의 눈금을 읽어 나중 눈금 L_f라 하고 기록한다.

(11) 앞서 측정한 값들을 이용하여 이 시료 물질의 선팽창계수를 계산한다.

$$\Delta L = L_f - L_i, \quad \Delta T = T_f - T_i$$

$$\alpha = \frac{\Delta L}{L_0 \Delta T} \quad (\text{단위: } (\ /℃)) \tag{3}$$

★ 다이얼 게이지의 한 눈금은 0.01 mm 이다.

(12) 장치의 세팅 상태는 그대로 둔 상태에서 증기 발생기를 끄고 시료 막대를 식히면서 시료 막대의 온도가 내려감에 따라 그 길이가 줄어드는 것을 확인한다. 그리고 충분히 식었다고 판단되는 온도에 이르면, 이때의 시료 막대의 온도를 나중 온도 T_f라 하고 다이얼 게이지의 눈금을 나중 눈금 L_f라 하고 기록한다. 한편, 이 과정에서의 시료 막대의 처음 온도와 다이얼 게이지의 처음 눈금 T_i와 L_i는 각각 과정 (10)의 나중 온도와 나중 눈금 T_f와 L_f의 값을 쓴다.

(13) 증기 발생기의 전원을 끈다.

(14) 과정 (12)의 시료 막대를 식혀 가는 과정을 통해 얻은 측정값들을 이용하여 다시 한차례 이 시료 물질의 선팽창계수 α를 계산한다.

(15) 이상에서 실험한 시료 물질의 선팽창계수 측정값 α를 다음의 '실온에서의 여러 가지 물질의 선팽창계수' 표에 있는 참값과 비교하여 본다. 선팽창계수의 참값은 $\alpha_{(참값)}$라 한다.

* 실온에서의 여러 가지 물질의 선팽창계수 *

물질	선팽창계수 α(/°C)	물질	선팽창계수 α(/°C)
아연	2.62×10^{-5}	놋쇠(황동)	2.1×10^{-5}
알루미늄	2.4×10^{-5}	철	1.2×10^{-5}
금	1.4×10^{-5}	강철(0.85% C)	1.15×10^{-5}
은	1.9×10^{-5}	콘크리트	1.2×10^{-5}
텅스텐	0.43×10^{-5}	보통 유리	0.9×10^{-5}
구리	1.6×10^{-5}	파이렉스 유리	0.32×10^{-5}

(16) 실험하지 않은 두 번째 시료 막대로 바꿔서 이상의 실험을 수행한다.

(17) 실험하지 않은 세 번째 시료 막대를 바꿔서 이상의 실험을 수행한나.

(18) 세 시료 물질의 선팽창계수가 다름을 비교하여 보고, 선팽창계수가 물질의 고유한 성질임을 이해한다.

6. 실험 전 학습에 대한 질문

실험 제목	선팽창계수 측정		실험일시	
학과 (요일/교시)		조	보고서 작성자 이름	

* 다음의 물음에 대하여 괄호 넣기나 번호를 써서, 또는 간단히 기술하는 방법으로 답하여라.

1. 이 실험의 목적을 써 보아라.

   Ans: _____

   _____

2. 온도 증가에 따라 물체가 팽창하는 것을 열팽창(thermal expansion)이라고 한다. 일반적으로 이와 같은 물체의 열팽창은 물체를 구성하고 있는 원자나 분자가 열적 진동을 하여 그 (   )가 증가하기 때문에 발생한다.

3. 물체의 열팽창은 3차원적으로 일어난다. 그런데 특별히, 고체의 팽창에 있어서 길이나 폭, 두께 등의 1차원적 변화를 고려한다면, 이를 (   )이라고 한다.

4. 만약, 물체의 온도가 그리 높지 않아 열팽창 정도가 처음 그 물체의 크기에 비해 매우 (   )면, 열팽창에 의한 길이 변화는 근사적으로 (   ) 변화에 비례한다.

5. 처음 길이 L_0의 고체 시료가 이 고체 시료에 유입된 열에 의해 ΔT의 온도 변화에 따라 ΔL의 길이 변화가 발생하였다고 하자. 이 측정 정보로부터 고체 시료의 선팽창계수 (coefficient of linear expansion) α를 구하면?

   $$\alpha = \frac{\quad\quad}{\quad\quad}$$

6. 선팽창계수 α의 단위는 (   )이다.

7. 다음 중 이 실험에서 사용하는 고체의 금속 시료 막대가 아닌 것은? (   )
   ① 철 막대   ② 구리 막대   ③ 알루미늄 막대   ④ 금 막대

8. 다음 중 이 실험에서 사용하는 실험 기구가 아닌 것은? (   )
   ① 시료 받침대   ② 시료 막대
   ③ 증기 발생기   ④ 디지털 온도계   ⑤ Hare의 장치

9. 다음 그림은 시료 받침대에 부착된 다이얼 게이지(Dial Gauge)를 촬영한 것이다. 이 다이얼 게이지는 열에 의해 늘어난(또는 줄어든) 시료 막대의 길이 변화량을 측정해 준다. 이 다이얼 게이지의 한 눈금은 얼마의 길이 변화를 의미할까? (mm)

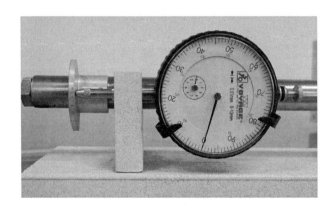

10. 이 실험에서 시료로 사용하는 세 금속 물질인 철, 구리, 알루미늄의 선팽창계수를 그 크기가 큰 것부터 차례로 나열하여 보아라. [본문의 '실온에서의 여러 가지 물질의 선팽창계수' 표 참조]
    (〉   〉   )

7. 결과

실험 제목	선팽창계수 측정		실험일시	
학과 (요일/교시)		조	보고서 작성자 이름	

[1] 실험값

(1) 고체 시료 이름: (   )

○ 시료 막대의 길이: $L_0 = $ mm

○ 선팽창계수 참값: $\alpha_{(참값)} = $ /℃

회	온도(℃)			다이얼 게이지 눈금(mm)			$\alpha(\ /℃)$	$\dfrac{\alpha_{(참값)} - \alpha}{\alpha_{(참값)}} \times 100$
	T_i	T_f	ΔT	L_i	L_f	ΔL		
시료를 가열하면서								
시료를 식히면서								
평균								

(2) 고체 시료 이름: (   )

○ 시료 막대의 길이: $L_0 = $ mm

○ 선팽창계수 참값: $\alpha_{(참값)} = $ /℃

회	온도(℃)			다이얼 게이지 눈금(mm)			$\alpha(\ /℃)$	$\dfrac{\alpha_{(참값)} - \alpha}{\alpha_{(참값)}} \times 100$
	T_i	T_f	ΔT	L_i	L_f	ΔL		
시료를 가열하면서								
시료를 식히면서								
평균								

(3) 고체 시료 이름: (   )

O 시료 막대의 길이: $L_0 =$　　　　　mm

O 선팽창계수 참값: $\alpha_{(참값)} =$　　　　　/°C

회	온도(°C)			다이얼 게이지 눈금(mm)			α (/°C)	$\dfrac{\alpha_{(참값)} - \alpha}{\alpha_{(참값)}} \times 100$
	T_i	T_f	ΔT	L_i	L_f	ΔL		
시료를 가열하면서								
시료를 식히면서								
평균								

[2] 결과 분석

[3] 오차 논의 및 검토

[4] 결론

부록

1. 물리상수

만유인력의 상수	$G = (6.670 \pm 0.005) \times 10^{-8} [\mathrm{dyn \cdot cm^2/gm^2}]$
중력의 표준가속도	$g_n = 980.665 [\mathrm{cm/sec^2}]$
수은의 표준밀도(0℃ 1기압)	$\rho_0 = 13.59510 [\mathrm{gm/cm^3}]$
표준기압(760 mmHg)	$P_a = (1.013246 \pm 0.00003) \times 10^6 [\mathrm{dyn/cm^2}]$
빙점의 절대온도	$T_0 = (273.160 \pm 0.010) [{}^\circ\mathrm{K}]$
1 mol의 표준부피	$V_0 = (22.4146 \pm 0.0006) \times 10^3 [\mathrm{cm^3/mol}]$
보편기체상수	$R = (8.31436 \pm 0.00038) \times 10^7 [\mathrm{erg/deg \cdot mol}]$
1 mol의 분자수(Avogardro 수)	$N = (6.02377 \pm 0.00018) \times 10^{23} [\mathrm{/mol}]$
Boltzmann의 상수	$k = \dfrac{R}{N} = (1.38026 \pm 0.00021) \times 10^{-16} [\mathrm{erg/deg}]$
열의 열당량	$J = (4.1855 \pm 0.0004) \times 10^7 [\mathrm{erm/cal}]$
은의 전기화학당량	$k_{Ag} = (1.11800 \pm 0.00005) \times 10^{-3} [\mathrm{gm/int \cdot coul}]$
Faraday의 상수(1차, 1 mol)	$F = (96496 \pm 7) [\mathrm{abs \cdot coul/mol}]$
전자의 비전하	$e/m = (1.75936 \pm 0.00018) \times 10^7 [\mathrm{e.m.u./gm}]$
전자의 질량	$m = (9.1055 \pm 0.00012) \times 10^{-28} [\mathrm{gm}]$
전자의 전하	$e = (4.8024 \pm 0.0005) \times 10^{-10} [\mathrm{e.s.u.}]$
	$= (1.60199 \pm 0.00016) \times 10^{-20} [\mathrm{e.m.u.}]$
수소원자의 질량	$m_H = (1.6736 \pm 0.0003) \times 10^{-24} [\mathrm{cm/sec}]$
광속도(진공중)	$c = (2.997902 \pm 0.000013) \times 10^{10} [\mathrm{cm/sec}]$
Cd 적선의 표준파장(15℃, 1기압)	$\lambda_{cd} = 6438.4707 \times 10^{-3} [\mathrm{cm}]$
수소의 Rydberg 상수	$R_H = (109737 \pm 0.05) [\mathrm{/cm}]$
방해석의 격자상수(20℃)	$d = (3.03567 \pm 0.00005) \times 10^{-3} [\mathrm{cm}]$
Planck의 상수	$h = (6.62377 \pm 0.00027) \times 10^{-27} [\mathrm{erg \cdot sec}]$
Stefan Boltzmann의 상수	$\delta = (5.6724 \pm 0.0023) \times 10^{-5} [\mathrm{erg/cm^2 \cdot deg}]$
Wein의 변위칙의 상수	$\lambda_m T = (0.289715 \pm 0.00039) [\mathrm{cm \cdot deg}]$

2. 금속의 물리적 성질

원자 번호 Z와 원소 기호	원소명 (물질명)	밀도 ρ (20°C) $[\text{g/cm}^3]$	탄성률 Young률 Y $[10^{10}\,\text{N/m}^2 = 10^{11}\,\text{dyn/cm}^2]$	음속 υ $[\text{m/s}]$	선팽창계수 a (0°~100°C) $[10^{-5}\,\text{K}^{-1}]$	비열 $[\text{kJ/kg·K}]$	비열 (20°C) $[\text{cal/g·K}]$	녹는점 $[\text{°C}]$	녹음열 $[\text{kJ/kg}]$	녹음열 $[\text{cal/g}]$	열전도도 $[10^{2}\,\text{W/m·K}]$	열전도도 (20°C) $[\text{cal/cm·s·K}]$	저항률 ρ (20°C) $[10^{-2}\,\Omega\cdot\text{mm}^2/\text{m}]$	저항의 온도계수 $[10^{-3}\,\text{K}^{-1}]$	원자 번호 Z
30 Zn	아연	7.14	9.3	3700	2.62	0.39	0.092	419	112	27	1.1	0.26	5.8	3.7	30
13 Al	알루미늄	2.70	7.0	5100	2.4	0.90	0.21	658	390	93	2.2	0.52	2.7	4.3	13
51 Sb	안티몬	6.67	7.8	3400	1.1	0.21	0.050	630	163	39	0.18	0.042	41.7	4.7	51
92 U	우라늄	18.7	13	–	–	0.12	0.028	1130	–	–	–	–	–	–	92
48 Cd	카드뮴	8.64	7.1	2310	3.2	0.23	0.055	321	57	13.7	0.92	0.22	7.46	4.2	48
20 Ca	칼슘	1.55	2.0	–	2.2	0.65	0.16	840	328	79	–	–	4.5	3.3	20
79 Au	금	19.3	8.0	1740	1.4	0.13	0.031	1093	66	15.8	3.0	0.72	2.21	4.0	79
47 Ag	은	10.50	7.9	2610	1.9	0.23	0.056	961	105	25	4.2	1.01	1.59	3.8	47
24 Cr	크롬	7.1	2.5	–	0.85	0.45	0.11	1890	≈300	≈70	0.43	0.10	2.8	–	24
27 Co	코발트	8.8	21	4720	1.3	0.42	0.10	1490	260	62	0.70	0.17	6.8	6.6	27
80 Hg	수은	13.55	–	–	18(체팽창)	0.14	0.033	-38.9	11.7	2.8	–	–	95.8	0.89	80
50 Sn	주석	7.31	5.5	2600	2.7	0.23	0.054	232	59	14	0.65	0.16	11.5	4.6	50
74 W	텅스텐	19.3	36	–	0.43	0.13	0.032	3370	≈200	≈50	1.7	0.41	5.51	4.5	74
73 Ta	탄탈	16.6	19	3400	0.65	0.14	0.033	2996	–	–	0.54	0.13	15.5	3.1	73
26 Fe	철	7.86	22	5130	1.2	0.45	0.107	1540	276	66	0.75	0.18	10.5	6.6	26
29 Cu	구리	8.93	12	3560	1.6	0.39	0.092	1083	205	49	3.9	0.93	1.72	3.9	29
11 Na	나트륨	0.97	–	–	7.1	1.25	0.30	98	115	27	1.3	0.31	4.6	5.5	11
82 Pb	연	11.34	1.5	1320	2.9	0.13	0.031	327	24.7	5.9	0.34	0.093	20.7	4.2	82
28 Ni	니켈	8.9	20	4970	1.3	0.45	0.108	1450	300	72	0.70	0.17	7.8	6.7	28
78 Pt	백금	21.37	16.5	2690	0.90	0.13	0.032	1773	110	26	0.71	0.17	10.8	3.8	78
83 Bi	비스무트	9.8	3.2	1800	1.3	0.12	0.029	271	54	13	0.09	0.021	119	4.5	83
4 Be	베릴륨	1.84	30	–	1.2	1.7	0.40	1350	–	–	1.7	0.40	6.3	0.4	4
12 Mg	마그네슘	1.74	4.4	4600	2.6	1.02	0.25	651	209	50	1.7	0.41	4.6	4.0	12
42 Mo	몰리브덴	10.2	–	–	0.49	0.26	0.062	2620	–	–	1.4	0.33	5.7	4.0	42

[합 금]

물질명	밀도 ρ (20°C) $[\text{g/cm}^3]$	Y $[10^{10}\,\text{N/m}^2]$	음속 $[\text{m/s}]$	a $[10^{-5}\,\text{K}^{-1}]$	비열 $[\text{kJ/kg·K}]$	비열 $[\text{cal/g·K}]$	녹는점 $[\text{°C}]$	녹음열 $[\text{kJ/kg}]$	녹음열 $[\text{cal/g}]$	열전도도 $[10^{2}\,\text{W/m·K}]$	열전도도 $[\text{cal/cm·s·K}]$	저항률	온도계수	성분중량비
알루미늄청동(5% Al)	8.1	12	–	1.8	0.42	0.10	1060	–	–	0.84	0.20	–	–	94.6 Cu, 5 Al, 0.4 Mn
듀랄루민	2.8	7.2	–	2.4	0.93	0.22	≈650	–	–	1.6	0.38	–	–	3~4Cu, 0.5Mg, 0.25~1 Mn, 나머지Al
주철	7.2~5.7	10	–	1.1	0.50	0.12	≈1200	–	–	0.3~0.5	0.07~0.12	–	–	4C까지
인바	8.1	14.5	–	0.20	0.50	0.12	1450	–	–	0.16	0.039	–	–	64Fe, 36Ni
놋쇠(황동)	8.4	10.5	–	2.1	0.38	0.091	915	–	–	1.1	0.27	–	–	63Cu, 37Zn
양은(18% Ni)	8.7	12~15	–	1.7	0.40	0.096	1100	–	–	0.23	0.055	–	–	60Cu, 18Ni, 22Zn
연강	7.6	22	–	–	0.46	0.11	–	–	–	0.6	0.14	–	–	0.04~0.4C
강철(0.85% C)	7.8	20	–	1.15	0.46	≈0.11	≈1350	–	–	≈0.45	≈0.11	–	–	0.85C
석청동(10% Sn)	8.9	10~12	–	1.9	0.38	0.091	1010	–	–	0.46	0.11	–	–	91.75Cu, 8Sn, 0.25P

3. 액체의 물리적 성질

물질명	화학식	밀도ρ (20°C) [g/cm³]	점성계수η (20°C) [10⁻³N·s/m²=cP]	표면장력 (20°C) [dyn/cm=10⁻³N/m]	체팽창계수β (20~100°C) [10⁻³K⁻¹]	비열c (20~100°C) [kJ/kg·K]	비열c [cal/g·K]	열전도도 (20°C) [W/m·K]	열전도도 [10⁻⁴cal/cm·s·K]	녹는점 [°C]	녹음열 [kJ/kg]	녹음열 [cal/g]	끓는점 [°C]	증발열 [kJ/kg]	증발열 [cal/g]	비유전율	굴절률 (D선 589nm)
아세톤	$(CH_3)_2 \cdot CO$	0.791	0.337	23.3	1.43	2.17	0.52	0.180	4.31	−96	98	23.5	−	509	121.6	21.5	1.359
아닐린	$C_6H_5 \cdot NH_2$	1.030	4.6	43	0.85	2.05	0.49	0.17	4.1	−6	88	21	184	435	104	7.0	1.586
에틸알코올	C_2H_5OH	0.791	1.25	22	1.10	2.43	0.58	0.181	4.33	−115	102	24.3	78	841	201	26	1.360
에틸에텔	$(C_2H_5)_2O$	0.716	0.238	17	1.62	2.30	0.55	0.138	3.30	−116	113	27	35	377	90	4.3	1.353
올리브유		0.915	90	−	0.72	1.67	0.40	0.167	4.0	−	−	−	−	−	−	3.1	−
크실렌	$C_6H_4(CH_3)_2$	0.870	0.69	29	0.99	1.67	0.40	−	−	−54	109	26	139	339	81	2.4	1.500
글리콜	$(CH_2OH)_2$	1.116	−	48	−	2.43	0.58	0.285	6.81	17	201	48	197	800	191	41	1.427
글리세린	$C_3H_5(CH_3)_3$	1.270	1500	63	0.505	2.43	0.58	0.121	2.89	18	176	42	290	−	−	56	1.473
클로로포름	$CHCl_3$	1.498	0.58	27	1.27	0.96	0.23	0.15	3.6	−64	107	25.6	61	225	61	5.5	1.446
초산에틸	$CH_3 \cdot COO \cdot C_2H_5$	0.900	0.424	23	1.35	2.01	0.48	0.10	2.5	−84	18	4.2	77	368	88	6.1	1.372
사염화탄소	CCl_4	1.596	1.01	26	1.22	0.84	0.20	−	−	−23	68	16.2	77	193	46	2.2	1.453
취소	Br_2	3.14	1.01	44	1.12	0.46	0.11	−	−	−7	−	−	59	180	43	3.2	1.661
수은	Hg	13.55	1.57	500	0.181	0.147	0.035	10.5	250	−39	11.8	2.82	357	301	72	−	−
트리클로로에틸렌	C_2HCl_3	1.480	1.2	32	1.19	0.96	0.23	−	−	−86	−	−	87	239	57	−	1.481
톨루엔	$C_6H_5 \cdot CH_3$	0.800	0.6	29	1.09	1.72	0.41	0.15	3.6	−95	71	17	111	356	85	2.4	1.496
니트로벤젠	$C_6H_5NO_2$	1.210	−	23	0.83	1.47	0.35	0.163	3.90	5.7	92	22	210	331	79	36	1.553
이황화탄소	CS_2	1.261	0.38	32	1.22	1.00	0.24	0.143	3.42	−112	−	−	46	351	84	−6	1.628
파마자기름		0.961	>5000	−	0.69	1.80	0.43	0.184	4.4	−	−	−	−	−	−	4.6	1.48
벤젠	C_6H_6	0.881	0.673	29	1.15	1.71	0.41	0.139	3.33	5.5	127	30.4	80	393	94	2.3	1.501
물	H_2O	0.999	1.06	73	0.18	4.18	0.999	0.560	13.4	0	333	79.5	100	2260	539	81	1.333
메틸알코올	CH_3OH	0.793	0.60	23	1.20	2.48	0.58	0.21	5.0	−98	92	22	65	1109	265	32	1.331
황산	H_2SO_4	1.85	28	−	0.56	1.38	0.33	−	−	−	−	−	326	511	122	−	−

4. 기체의 물리적 성질

물질명	화학식	밀도 ρ [0°C] 101.3kPa [kg/m³]	점성계수 [0°C] [10⁻⁶N·s/m²] (=10⁻³cP)	비열 C (20~100°C) C_p [kJ/kg·K]	비열 C C_v [cal/g·K]	비열 C $\frac{C_p}{C_v}$	녹는점 [°C]	녹음열 [kJ/kg]	끓는점 [101.3kPa] (=1.013bar) [°C]	기화열 [MJ/kg] (=10³J/kg)	임계온도 [°C]	임계압 [100kPa=bar]	열전도도 [W/m·K]	열전도도 [10⁻²cal/cm·s·K]
아세틸렌	C_2H_2	1.171	10.2	1.68	0.402	1.26	-82	-	-84	0.69	36	63	0.019	0.80
아르곤	Ar	1.784	21.2	0.52	0.125	1.66	-189	29	-186	1.16	-122	49	0.016	0.67
암모니아	NH_3	0.771	9.3	2.06	0.492	1.32	-78	332	-33	1.37	132	119	0.022	0.92
일산화탄소	CO	1.250	16.4	1.05	0.250	1.40	-205	29	-192	1.21	-139	36	0.023	0.96
일산화질소	NO	1.340	18.0	1.00	0.239	1.40	-164	-	-152	0.46	-93	65	0.024	1.00
에탄	C_2H_6	1.356	8.6	1.72	0.411	1.22	-184	95	-89	0.49	32	49	0.018	0.75
에틸렌	C_2H_4	1.260	9.6	1.50	0.36	1.24	-169	105	-104	0.48	10	51	0.017	0.71
염산	HCl	1.639	13.8	0.81	0.194	1.41	-122	-	-84	0.44	52	82	-	-
염소	Cl_2	3.214	12.3	0.49	0.117	1.36	-102	90	-34	0.29	144	84	0.0076	0.32
오존	O_3	2.22	-	-	-	1.29	-193	-	-112	0.25	-5	70	-	-
크세논	Xe	5.89	22.6	-	0.241	1.66	-112	18	-108	0.10	17	58	0.0052	0.22
공기	-	1.293	17.1	1.00	0.241	1.40	-	-	-193	0.21	-141	38	0.024	1.01
크립톤	Kr	3.74	23.3	-	-	1.68	-157	20	-152	0.11	-63	55	0.0087	0.36
이산화질소	N_2O	1.978	14.0	0.89	0.212	1.28	-91	-	-89	0.38	39	73	0.015	0.64
산소	O_2	1.429	19.4	0.92	0.219	1.40	-218	14	-183	0.21	-119	51	0.025	1.03
시안	$(CN)_2$	2.32	9.3	1.71	0.41	1.26	-34	-	-21	0.043	128	61	-	-
중수소	D_2	0.180	-	-	-	1.73	-255	-	-250	0.31	-235	17	-	-
수소	H_2	0.0899	8.5	14.3	3.41	1.41	-259	59	-253	0.45	-230	20	0.474	7.30
질소	N_2	1.250	16.7	1.04	0.249	1.40	-210	26	-196	0.20	-147	33	0.024	1.02
이산화황	SO_2	2.926	11.7	0.64	0.152	1.27	-73	-	-10	0.39	158	78	0.081	0.35
이산화탄소	CO_2	1.977	13.9	0.82	0.196	1.31	-57	181	-78.5	0.57	31	73	0.014	0.59
네온	Ne	0.900	29.8	1.03	0.246	1.64	-249	17	-216	0.13	-229	27	0.046	1.92
불소	F_2	1.695	-	0.75	0.179	-	-223	-	-188	0.17	-129	57	-	-
프로판	C_3H_8	2.02	7.5	1.53	-	1.13	-190	-	-42	0.43	97	42	0.015	0.79
헬륨	He	0.178	18.6	5.1	1.25	1.66	-272.2	-	-268.9	0.021	-267.9	2.3	0.144	6.10
메탄	CH_4	0.717	10.2	2.21	0.527	1.31	-183	109	-161	0.51	-83	46	0.030	1.26
황화수소	H_2S	1.539	11.6	1.05	0.250	1.32	-83	-	-61	0.55	100	89	0.013	0.54

물 질	밀도 ρ (20°C) [kg/dm³]	탄성률(Young율) [10¹⁰ N/m² = 10¹¹ dyn/cm²]	음속 v [m/s]	선팽창계수 α (0°~100°C) [10⁻⁵ K⁻¹]	비열 C (20°C) [kJ/kg·K]	[cal/g·K]	녹는점 [°C]	녹음열 [kJ/kg]	열전도도 (20°C) [W/m·k]
〈원 소〉									
황(단사정계)	1.96	–	–	12	0.74	0.177	119	46	0.20
셀레늄	4.8	–	–	0.37	0.38	0.091	217	65	–
탄소(흑연)	2.22	–	–	0.2	0.69	0.0165	3550	17000	160
탄소(다이아몬드)	3.51	–	–	0.13	0.49	0.117	>3600	17000	165
인(황린)	1.83	–	–	12.4	0.79	0.0181	44	22	–
〈광물 및 광물제품〉									
석 면	0.58	–	–	–	0.81	0.201	–	–	0.20
운 모	2.8	16~21	–	0.3	0.88	0.210	–	–	0.35~0.60
에타나이트	2.0	–	–	–	0.84	0.201	–	–	1.9
화강암	2.7	5	4000	–	0.80	0.191	–	–	3.5
콘크리트(건조)	1.5~2.4	2~4	–	≈1.2	0.90	0.215	–	–	1.6~1.8
석회암	2.6	–	–	–	0.84	0.201	–	–	0.7~0.9
대리석	2.7	3.5~5	3800	1.2	0.88	0.210	–	–	2.1~3.5
용융석영	2.2	–	–	0.04	0.71	0.170	–	–	0.22
벽 돌	1.8	–	–	–	0.75	0.179	–	–	0.6
〈화학제품〉									
에보나이트	1.15	–	–	8.5	1.67	0.399	–	–	0.17
유리(창유리류)	2.5	4.5~10	4000~5000	0.8	0.84	0.201	–	–	0.9
사 기	2.3~2.5	7~8	–	0.2~0.5	0.8	0.191	≈1600	–	1.0
스테아타이트	2.6~2.8	–	–	0.7~0.9	1.3	0.311	–	–	2.3
셀룰로이드	1.4	–	–	10	–	–	–	–	0.23
우기우리류	1.18	0.3	–	–	1.7	0.407	–	–	1.9
〈목재 및 목재품〉									
박달나무(섬유방향) (섬유에 수직)	0.69	–	3800	0.5	–	–	–	–	0.29
	0.69	–	–	5	–	–	–	–	0.16
참나무(섬유방향)	0.65	–	3400	–	–	–	–	–	0.17
종이	0.6~1.2	–	–	–	–	–	–	–	0.08~0.18
소나무(섬유방향)	0.52	–	3000	0.5	–	–	–	–	0.35
(섬유의 수직)	0.52	–	–	3	–	–	–	–	0.14
화이버판(정질의 짓)	1.0	–	–	–	–	–	–	–	0.15
(다공질의 짓)	0.3	–	–	–	–	–	–	–	0.06

6. 물의 밀도

t, °C	d g/ml	t, °C	d g/ml
0	0.99987	45	0.99025
3.89	1.00000	50	0.99807
5	0.99999	55	0.98573
10	0.99973	60	0.98324
15	0.99913	65	0.98052
18	0.99862	70	0.97781
20	0.99823	75	0.97489
25	0.99707	80	0.97183
30	0.99567	85	0.96865
35	0.99406	90	0.96534
38	0.99299	95	0.96192
40	0.99224	100	0.95838

7. 온도와 압력에 따른 공기의 밀도 (kg/m^3)

t °C \ mmHg	690	700	710	720	730	740	750	760	770	780
0°	1.174	1.191	1.203	1.225	1.242	1.259	1.276	1.293	1.310	1.327
5	1.153	1.169	1.186	1.203	1.220	1.236	1.253	1.270	1.286	1.303
10	1.132	1.149	1.165	1.182	1.198	1.214	1.231	1.248	1.264	1.280
15	1.113	1.129	1.145	1.161	1.177	1.193	1.209	1.226	1.242	1.258
20	1.094	1.109	1.125	1.141	1.157	1.173	1.189	1.205	1.220	1.236
25	1.075	1.901	1.106	1.122	1.138	1.153	1.169	1.184	1.200	1.215
30	1.057	1.073	1.088	1.103	1.119	1.134	1.149	1.165	1.180	1.195

8. 소리의 전파속도 (m/sec)

물 질	온도 (℃)	속 도	물 질	온도 (℃)	속 도
〈기체〉[1]			메틸알코올	20	1006
			올리브유	20	1450
공 기 (건 조)[2]	−45.6	305.6	〈고체〉(−표는 실온)		
공 기 (건 조)	0	331.45	가늘고 긴 막대 중에서의 종파속도		
공 기 (건 조)	15.7	340.8			
공 기 (건 조)	100	387.2	고 무	−	40∼70
공 기 (건 조)	1000	708.4	구 리	20	3710
메 탄	0	432	금	20	2030
산 소	0	316.2	납	20	1200
산 소	16.5	323.8	놋 쇠 (황동)	20	3490
산화질소	0	325	니 켈	20	4790
석탄가스	13.6	453	대리석	−	3810
수 소	0	1300	백 금	20	2880
수증기	100	471.5	주 석	20	2730
아산화질소	0	260.5	석영유리	20	5370
아황산가스	0	209.2	아 연	20	38110
암모니아	0	414.8	알루미늄	20	5080
일산화산소	0	337.3	얼 음	4	3280
질 소	0	337.7	에보나이트	18	1560
탄산가스	0	259.3	유 리 (소다)	20	5300
헬 륨	0	981	유 리 (프린트)	20	4000
〈액체〉			은	20	2640
글리세린	20	1923	철 (鑄)	−	약 4300
물 (먼지 없음)	19	1505	철 (鍛)	−	4900∼5100
물 (蒸유)	20	1470	철 (鋼)	−	약 4900
물 (深海)	−	약 1530	카드뮴	16	2665
벤 젠	20	1330	코발트	−	4724
석 유	23	1275	코르크	−	430∼530
수 은	20	1450	파라핀	18	1390
에틸알코올	20	1190	소나무	−	3320

주 1) 1기압 때의 값. 단, 압력에는 거의 무관계하다. 그런데 관 내의 기체 중에서는 표의 값보다 작다.

   2) 기압 P인 공기 중에서 압력 e의 수증기가 있을 때의 소리의 속도 V_v는 같은 온도의 건조한 공기 중에서의 속도 V로부터

다음 식으로 구해진다.

$$V_v = V / \sqrt{\frac{1-e}{P}\left(\frac{r_v}{r_d} - 0.662\right)}$$

여기서, r_v, r_d는 각각 수증기 및 건조한 공기의 정압비열과 정적비열의 비

일반물리실험 (1)

인쇄 | 2022년 3월 01일
발행 | 2022년 3월 05일

지은이 | 남 형 주
펴낸이 | 조 승 식
펴낸곳 | (주)도서출판 **북스힐**

등 록 | 1998년 7월 28일 제22-457호
주 소 | 서울시 강북구 한천로 153길 17
전 화 | (02) 994-0071
팩 스 | (02) 994-0073

홈페이지 | www.bookshill.com
이메일 | bookshill@bookshill.com

정가 12,000원

ISBN 978-89-5526-906-2